给孩子讲大模型

基于DeepSeek、豆包和ChatGPT

涂子沛 著

童趣出版有限公司编　人民邮电出版社出版
北　京

图书在版编目（CIP）数据

给孩子讲大模型 ：基于 DeepSeek、豆包和 ChatGPT / 涂子沛著 ；童趣出版有限公司编. -- 北京 ：人民邮电出版社，2025. -- ISBN 978-7-115-67232-2

Ⅰ. TP18-49

中国国家版本馆 CIP 数据核字第 2025NH6740 号

著　　：涂子沛
责任编辑：赵　妮
责任印制：李晓敏
封面设计：董　雪
排版制作：杨杨设计工作室

编　　：童趣出版有限公司
出　版：人民邮电出版社
地　址：北京市丰台区成寿寺路 11 号邮电出版大厦（100164）
网　址：www.childrenfun.com.cn

读者热线：010-81054177　　经销电话：010-81054120

印　刷：雅迪云印（天津）科技有限公司
开　本：710×1000 1/16
印　张：13
字　数：220 千字

版　次：2025 年 6 月第 1 版　2025 年 6 月第 1 次印刷
书　号：ISBN 978-7-115-67232-2
定　价：58.00 元

总序

发展大数据和人工智能已上升为我国的国家战略，这一战略能否见到成效，与国民对这两项技术如何推动历史进步的认识有很大的关联。

晚清时期，魏源编著了《海国图志》，严复翻译了《天演论》，但并没有唤醒民众，中国失去了从农业文明向工业文明转变的历史机遇。21 世纪上半叶，世界已进入信息时代的新阶段，正逐步走向智能时代。近年来，一些有远见的学者和先辈心意相通，他们致力于宣扬新的数据观和智能时代的理念，涂子沛先生就是其中的代表。他不但出版了《大数据》《数据之巅》《数文明》《第二大脑》等脍炙人口的大作，还给青少年撰写了《给孩子讲大数据》《给孩子讲人工智能》《给孩子讲 ChatGPT》《给孩子讲大模型：基于 DeepSeek、豆包和 ChatGPT》等引人入胜的书。

工业时代的传统教育侧重于数理化，教给学生的知识大多用来处理已掌握内在规律的问题，许多工作也是按部就班、照章办事，这些工作很可能会被智能化的机器取代。新时代的人需要新的知识结构，要学会从大量数据中发现知识和规律，以适应不确定的、动态变化的环境。今天的中小学生是未来智能社会的原住民，他们必须有适应智能化生活的思维方式和想象力。涂子沛先生的书没有枯燥的公式和程序，而是通过一个又一个有趣的故事，告诉人们数据如何变成知识，一批聪明而执着的学者如何在艰难曲折中发展人工智能技术。

孩子的心像春天的泥土，播什么种就发什么芽。我相信，这些书在孩子心中播下的种子会成长为参天大树，树上会结满迷人的智慧之果。

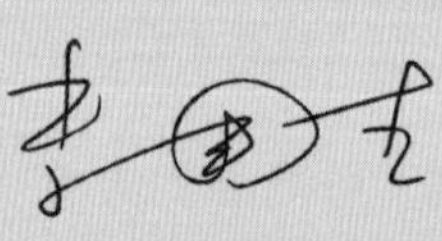

中国工程院院士

中国计算机学会名誉理事长

致小读者：打开通向人工智能新世界的大门

1946年，世界上第一台计算机诞生，人类文明开始了新一轮的大跃迁。一开始，人类把这个新的时代称作“信息时代”。信息时代最大的特点是，以前很难找到的信息和知识在这一时代很快就能被找到了。

但随着历史画卷的徐徐展开，当我们来到21世纪20年代，突然发现“以前很难找到的信息和知识在信息时代很快就能被找到了”已经不能概括如今这个时代的特点了。新时代像一列疾驰的列车，它已经载着我们远远地驶过了那个标着“信息时代”名称的站台，传统的工厂正在升级为无人工厂、“黑灯工厂”，出租车正在变成无人驾驶车，大模型方兴未艾，人型机器人的时代正呼之欲出，我们正在跨入一个更新的时代——人工智能时代。

以大数据为基础的人工智能是推动这场文明大跃迁的革命性力量。这里所说的“大数据”，是指数字化的信息，即以“0”和“1”构成的二进制数保存的所有信息。一行文字、一张图片、一条语音、一段视频，我们今天都称之为数据。

你肯定用过计算器，输入数字进行加减乘除运算，很快可以看到一个数字答案，它代表一个数量。现在，智能手机不仅有计算功能，还有其他更丰富、更强大的功能。你可以直接用声音命令手机回答“世界上哪里的葡萄最甜”，它就像童话《白雪公主》中的魔镜，会立刻给你答案。

这些答案可能包括大量的文字描述，或者五颜六色的图片、有趣的采摘视频，也可能是网页链接。你能想到的，网上全有；你想不到的，网上也有。它们会告诉你葡萄从何而来，哪个国家是原产国，第一瓶葡萄酒是如何酿成的，甚至还能带你进入“葡萄美酒夜光杯”的唐诗世界。

你还可以把DeepSeek、ChatGPT之类的大语言模型安装在手机上，让它随时随地给你写作文、作诗、解答数学题、设计各种图片和视频，甚至自动写代码、编程序！ 这一切居然都可以通过聊天儿和对话完成！

除了惊叹以外，你想不想知道这是怎么做到的？原来，手机在听到了你的声音之后，通过自然语言处理技术，将你的声音翻译成了计算机才能听懂的语言。人工智能像一张渔网一样撒向数据空间，捕捉每一则与你的问题相关的信息，重新组合生成，最终以文字、图片、语音、视频等多种形式呈现在你的手机上，可以画给你看，还可以说给你听。

那数据空间究竟长什么样啊？

数据不像高山、大海、森林、矿藏那样独立于人类存在，数据完全是人为的产物。人类正在其生活的物理空间之外打造一个新的空间。在这个空间里，各种数据应有尽有，人类在这里停留的时间将会越来越长。在这个新的空间里，数据和智能主导一切，这就是人类发展的大趋势。

这个趋势如此迅猛，可谓波澜壮阔，激荡人心。你肯定也感受到了，并为之兴奋。但你有没有认真地想过，未来的你将在这一场文明大跃迁中扮演怎样的角色？

我希望你能成为这个新空间的建设者。这是一个鼓励创新的时代，基于数据的创新将成为发展的先导。

摆在你面前的这套书，就是为你迎接、参与这场大创新而精心准备的。

我也像孩子一样，喜欢读故事。人工智能的新世界，是由许许多多聪明、执着和勇敢的人，用他们的智慧和勇气开创的。

这套书生动地讲述了这些故事，我希望你读过之后，能把这些故事讲给身边的朋友、同学和父母听。这些故事，不仅蕴藏着新世界的思维方法和价值观，也包含了人工智能、数据科学领域一些基本的知识和工具。读完这套书，你就打开了通向新世界的大门，你会熟悉这个新世界的通用语言，可以进阶，能和专业人士展开交流。

有一天，当你坐在大学的教室里，可能在回答教授的问题，可能在和同学展开激烈的讨论。我希望，你会不经意地想起这套书，而那一瞬间，一丝微笑浮现在你年轻灿烂的脸庞上。

这将是我莫大的荣幸。

最后，我鼓励你和你的父母一起阅读这套书，共同学习、共同成长。毕竟，面对新世界、新知识，无论他们多大年纪，都和你一样，是孩子。

涂子沛

目录

1

2

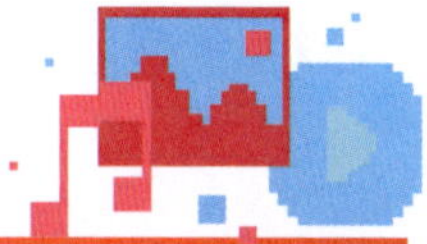

3

4

5

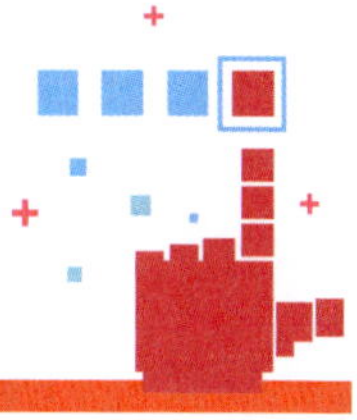

6

7

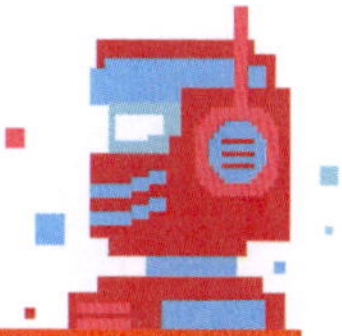

1 震惊世界的大语言模型

人工智能家族“最靓的仔”

没人预料到，2022 年 11 月 30 日会是一个可以载入人类史册的日子，注定要被后世地球人不断讨论和纪念。

这一天，一家叫作“OpenAI”的美国公司发布了一款叫 ChatGPT 的聊天儿机器人，这款机器人在聊天儿中展现出来的聪明和机智，震惊了全世界。很多人工智能领域的专业人士在亲身体验、试用它之后，都不约而同地意识到这是人工智能发展历史上的重大里程碑。他们在惊叹声中向公众宣布：从这一天开始，每个人都将拥有一个智能聊天儿伙伴。当然，不仅仅是聊天儿，它还可以帮助你学习、工作，充当工作助理，甚至是专业教练、生活导师！而且这个伙伴是不需要休息的，是 24 小时不间断在线的！

聊天儿就是说话，就是英文“Chat”的意思。聊天儿这件事听起来很简单，这谁不会？是个人就能聊天儿。真不明白一个聊天儿机器人为什么会成为人工智能发展史的里程碑。人的语言能力是地球生物长期进化的成果。对于人来说，聊天儿很简单，但要让机器人像人一样聊天儿却很不简单，让机器人能和学者对话则更不简单。让我们一起来看一段高端的对话，领略一下头脑风暴的激烈程度。

相传，宋朝的大才子苏轼与高僧佛印是好朋友，经常在一起喝茶、聊天儿。有一天，苏轼问佛印：“你看我像什么呀？”佛印说：“我看你像尊佛。”苏轼听后大笑，对佛印说：“你知道我看你坐在那儿像什么吗？就像一摊牛粪。”苏轼赢了嘴仗，回家就在苏小妹面前得意扬扬地炫耀这件事。苏小妹冷笑一下对哥哥说：“就你这个悟性还学佛呢，你知道学佛的人最讲究的是什么？是明心见性，你心中有什么，眼中就有什么。佛印说看你像尊佛，那说明他心中有尊佛；你说佛印像牛粪，想想你心里有什么吧！”

苏轼与佛印的这番语言交锋其实是佛印赢了，这段对话里暗藏机锋，两人斗智斗勇，堪称聊天儿的至高境界。

怎么样！现在你知道会聊天儿、聊好天儿不容易吧！如果有人评价另外一个人说“这个人真会聊天儿”，我认为这是一种莫大的赞扬。要知道，一个人擅长聊天儿，不仅需要拥有广博的知识、深刻的见解，还需要花时间锻炼一下口才！在我们每个人的内心，其实都有一个深切的渴望：在自己的身边就有这么一个会聊天儿、能聊天儿，愿意和自己聊天儿的朋友！也希望自己是一个能说会道、无所不知的人。

也可以说，通过聊天儿的水平，我们可以最直观地感受人工智能的技术发展水平，如此便不难理解为什么聊天儿会成为人工智能的突破口了。

ChatGPT 是一款聊天儿机器人的名字，我们很快就会介绍。在 2022 年 11 月 30 日之后，全世界出现了上百款各不相同的聊天儿机器人，比较知名的有美国谷歌公司的 Gemini、Anthropic 的 Claude 、Meta 的 LLaMA，中国深度求索公司的 DeepSeek 等。这些聊天儿机器人之所以可以上知天文、下知地理，什么都可以聊、什么都懂，还能够流畅地使用多种语言，是因为它们背后使用了一种技术：大语言模型（Large Language Model）。

要想知道什么是大语言模型，首先要明白什么是“大模型”（Large Model）。

简单地说，大模型就是结构特别复杂、规模特别大，需要使用大量计算资源和数据进行训练的人工智能模型。那到底多大才是“特别大”呢？在人工智能的世界里，我们可以用“参数”的数量来衡量模型的大小。一个模型要称得上大模型，一般至少要有上亿个参数。ChatGPT 4.0 背后使用的大模型，已经有近两万亿个参数了！参数究竟在大模型中扮演了什么角色，我们会在本书的其他章节展开来说。简单地说，你如果把大模型理解为一台庞大的机器，参数就像是这台大机器上的小开关和小旋钮，它们都是用来调节这台机器的状态的。

大模型有很多种，ChatGPT 是专门用来聊天儿的，也就是生成文字的大模型，这叫大语言模型。除了生成文字的大模型，还有各种各样的大模型，如专门生成图像的、生成视频的、生成音乐的、解答高深数学题的。这些大模型，虽然作用不一样，但多多少少都不同程度地融合使用了大语言模型技术，这个不难理解，因为语言是人类进行交流最重要的工具啊。你也不用着急，这些不同类型的大模型，接下来会一一出场。

大语言模型真有这么神奇吗？ChatGPT 问世不久，很多人迫不及待地对它进行了各种各样的测试，甚至让它参加了五花八门的考试，结果令人震惊：在包括数学、化学、物理、生物、法律、经济等科目的考试当中，ChatGPT 的表现都超出了参加考试的人员的平均水平。在一些专业资格考试（如法律职业资格考试）中，ChatGPT 的成绩也居于考试排名的前 10%。还有人让它参加了美国的高考 SAT（Scholastic Assessment Test），它的分数居然也进入了考试排名的前

10%！这个成绩足以让它拿到美国顶尖大学的录取通知书。

现在我们来看一眼数学大模型。2024 年 7 月，第 65 届国际数学奥林匹克竞赛（IMO）在英国的巴斯大学举行。这是汇集全球数学高手的顶级竞赛，来自 108 个国家的 609 名年轻人角逐出 58 枚金牌和 123 枚银牌。中国代表队取得了 5 金 1 银的好成绩，其中来自浙江的高中生史皓嘉是唯一在竞赛中获得满分 42 分的选手。谷歌 DeepMind 的两个数学大模型 AlphaProof 和 AlphaGeometry 2 也参加了竞赛，它们成功地解答了 6 道题中的 4 道，得到 28 分。当年，这个得分相当于银牌的最高水平，也就是说，差一分就够上金牌了，这是迄今为止人工智能在奥林匹克知识竞赛中取得的最好成绩。这届大赛的出题委员会主席约瑟夫·迈尔斯 (Joseph Myers) 博士说，他对参赛的人工智能大模型和参赛的人类选手采用了完全一样的评判标准，人工智能大模型没有辜负他的期望，有一两个问题的解答还大大超出了他的期望，绝对令人印象深刻！

在大模型出现之后，人工智能展现出来的能力，可以说令人叹为观止！

接下来发生的事很离奇，可以用匪夷所思来形容。作为人工智能大家庭的新成员，大语言模型成为人类历史上普及速度最快的技术之一！就说 ChatGPT 吧，它在发布之后立刻火爆全世界，成了最受关注、“最靓的仔”。怎么个火爆法？在发布后的 5 天时间里，它的用户数量就达到 100 万；仅仅用了 2 个月，它的用户数量就超过了 1 亿，这是前所未有的增长速度！相比而言，用户数量突破 1 亿，TikTok（国际版抖音）用了 9 个月，微信用了 14 个月，Instagram（一款社交应用，简称 Ins）则花了 30 个月的时间。如果再把硬件产品算进来，销量增长速度最快的是苹果手机，它在全球的销量突破 1 亿台，用了 3 年多。至于计算机、电视、汽车这些产品，它们的销量达到 1 亿，用的时间就更长了，甚至长达 10 年，但 ChatGPT 只用了 2 个月！

在 ChatGPT 刚发布的 2 个月里，美国最大的电商平台亚马逊出现了数百本把 ChatGPT 列为作者或合著者的图书，还有许多作者宣布自己的图书插图是由人工智能绘图工具制作的。意大利的一份报纸每天刊登一篇由 ChatGPT 生成的文章，以测试读者的反应，并举办了一场特别的“猜猜猜”大赛，让读者猜其中哪一篇文章是由 ChatGPT 生成的。

在中国，阿里巴巴、腾讯、百度等科技公司都很快开发了自己的大语言模型。到 2024 年 3 月，仅仅中国市场就出现了 300 多个不同的大语言模型，大家都惊呼为“百模大战”。这有点儿像寒武纪生命大爆发，在非常短的时间内，地球上的物种数量激增。知名科技公司苹果更是考虑要把大语言模型配置到手机上，让人随时随地都可以使用。

横空出世的 DeepSeek

2024 年 1 月 5 日，是大语言模型发展历史上另一个值得我们铭记的日子，而且这个日子和我们中国有关。

这一天，中国杭州一家叫“深度求索”的年轻公司发布了该公司的第一个大语言模型 DeepSeek LLM。之后，深度求索公司连续发布了好几个升级的大模型。其中，DeepSeek

V2 和 DeepSeek-R1 在测试中表现非常出色，全世界很多人在试用之后，认为它们的功能表现直逼 ChatGPT。很快，DeepSeek 在全世界刮起了一阵“中国旋风”，一度成为下载安装最多的应用之一。2025 年 2 月 1 日，其用户数量突破了 3000 万，到 2 月底，其用户数量过了 1 亿大关。

OpenAI 的创始人萨姆·奥特曼（Sam Altman）立即对 DeepSeek 的出现做出了反馈。他说 DeepSeek 的大模型令人印象非常深刻，他认为这是一个很强的竞争对手，竞争将驱使他们继续开发出更好的产品。苹果公司 CEO（首席执行官）蒂姆·库克（Tim Cook）评价，DeepSeek 的大模型极大地提升了人工智能的效率，表现出强大的创新能力。微软公司 CEO 萨提亚·纳德拉（Satya Nadella）也公开对 DeepSeek 给予了高度评价。他说这标志着人工智能领域的一个重要进展，他还认为随着人工智能技术成本的逐步下降，像深度求索这样的企业将极大地推动整个行业的发展。

要理解这些科技一线精英对 DeepSeek 的评价，需要抓住一个关键词：成本。训练、运行一个大语言模型需要投入很多很多的算力，这就是大语言模型的成本。所谓算力，反映了计算机系统或计算设备完成一个计算任务的速度和能力。在人类发展的大部分时期，我们会通过口算、心算来进行计算，遇到稍微复杂一点儿的任务时，我们就计算不出来，或算得很慢；到后来，人们发明了算盘，人类的计算速度和能力就提高了，也可以说，算力水平提升了。

但人类真正的算力革命发生在20世纪40年代，计算机诞生的时候。1948年，IBM（国际商业机器公司）生产了其历史上的第一台大型计算机。它体形巨大，占了一个大厅的三面墙壁那样大的空间，每秒钟可进行数千次运算。这台计算机被用于计算月球在不同时刻的位置。在当时，类似的大规模计算任务是非常少的。望着这台庞然大物，IBM的创始人托马斯·约翰·沃森（T. J. Watson，1874—1956）曾经感叹它的算力太强大了，他这样评价道："未来的美国只需要5台计算机！"

沃森的预测当然是不对的。今天，一个家庭都可能拥有5台计算机。例如在我家，有2台台式计算机是我和太太工作时要用的，当我们出差时，我们还各自带着一台笔记本电脑；我有两个孩子，一个上高中，一个上初中，他们有自己的笔记本电脑和iPad；我们还有自己的手机。算起来，我们家都快有10台设备了。这些设备都可以执行计算任务，也就是说，都是算力！

在计算机中执行计算任务的核心设备叫中央处理器

（CPU），它是由很多很多芯片构成的，工程师把这些芯片封装在一起，做成了像一块橡皮那么大的模块。可以说，芯片是算力的主要载体。在《给孩子讲大数据》那本书的第 9 章，我对芯片进行了详尽的介绍，感兴趣的同学可以专门阅读。

要训练出一个好的大语言模型，甚至需要购买价值数亿美元的芯片。目前，要完成 ChatGPT 的训练，OpenAI 需要大约 16000 块高级芯片，而 DeepSeek 的技术团队宣称，他们只需要大约 2000 块类似的芯片。而一块高级芯片的价格非常昂贵，例如英伟达的 H100 系列，2025 年的官方售价是 4 万美元一块。大家可以算算，DeepSeek 节省了多少钱啊！

DeepSeek 为什么能做到这一点呢？这是因为它的架构和 ChatGPT 有所不同。

现在，我简单地介绍一下这个区别。

在 ChatGPT 的大语言模型当中，只有一个通用大模型。当你向 ChatGPT 发送问题时，它会在这个通用大模型当中进行计算。对于每一个问题，它都需要处理大量数据，所有数据都必须从一块计算机芯片移动到另一块计算机芯片。你可以想象一下，这样“移来移去”，会消耗多少能量。

但在 DeepSeek 大语言模型当中，有数百个专用的小模型。

当你和它聊天儿、向它提问的时候，它首先会对你的问题进行判别和分类，然后将问题发送到最相关的那个小模型进行计算。这种处理方式，使它涉及的数据量少了很多，消耗的算力小了，因此需要的芯片数量就少了，这个计算过程变得更加精练和高效。

现在，我们只要知道这个区别就可以了，一个模型当中的计算具体怎样进行，我们会在第 5 章详细介绍。

如果你还有点儿不太理解，那让我来打个比方。假设有一家餐厅，这家餐厅只有一个厨师，而顾客可能来自五湖四海。顾客可能要吃中餐，也可能会点西餐，还可能会点韩餐、日餐等各种各样的菜肴。这里的厨师是无所不能的大厨，他会做所有风味的菜系；除了做菜，他还要亲自准备所有菜品会用到的食材，所以他需要一个很大的厨房，来堆放这些食材。如果厨师想找到某种特定的食材，他就必须进入厨房，在一大堆食材中找到它，然后把食材拿到切配区进行洗、切、配。这是不是有点儿慢？

而在另一家餐厅，则有上百个厨师，他们各自负责一种菜系。当餐厅接到新订单的时候，订单会被分发给相应菜系的厨师，每个厨师只负责为自己要做的菜品准备食材。你可以很

容易地想象出来，这样做的效率一定会更高，对不对？这就是 DeepSeek 的技术架构，和只有一个“超级大厨”的 ChatGPT 相比，它有很多特色鲜明的厨师，可以分工合作。

那你会问，既然 DeepSeek 的这种技术架构更省钱，ChatGPT 为什么不采用这种技术架构呢？事实上，有很多大语言模型都尝试过采用 DeepSeek 的这种架构，也做过很多开发和尝试，但一直不成功，最后是中国的团队成功地实现了这个架构。

当然，这个架构也有它的缺点和问题。还是回到餐厅的场景，假设有一个客人来了，他想吃韩餐，但因为某种原因，系统把订单发送给一个不相关的厨师，例如一个只会做意大利菜的厨师。这个厨师不会做韩餐，但他需要马上把菜做出来，那他只能凭空发挥，结果很可能做出一道风马牛不相及的菜了。这就好像你向一个大语言模型问问题，它的回答却牛头不对马嘴，这种胡言乱语的风险，我们称之为大语言模型的"幻觉"。在稍后的章节，我们还会讨论"幻觉"这个专门的名词。

简单地说，和 ChatGPT 相比，DeepSeek 的技术架构虽然省钱，但发生“幻觉”的风险更高。

虽然有这样的风险，但 DeepSeek 的出现，意义非常巨大，它意味着用较低的成本，即更少的钱，也可以训练大模型，这将极大地推动大模型的开发、普及和应用。这也是为什么微软公司 CEO 纳德拉评价，DeepSeek 的出现让人工智能技术的成本大幅下降，推动了整个行业的快速发展。现在，只有少数尖端企业才能训练、拥有大模型；在未来，每个行业、每个公司，甚至每个人，都可以训练、拥有自己独特的大模型，就像唐朝大诗人刘禹锡的那句古诗说的一样：“旧时王谢堂前燕，飞入寻常百姓家。”

随着大语言模型的普及，人们发现，它能做的事可太多了。越来越多的人开始讨论大语言模型对生活和工作的影响，经济学家、科学家等都不约而同地发出了“人类会不会被人工智能替代、淘汰”的灵魂拷问。

话不多说。下面，让我们系好安全带，睁大眼睛，来一趟有趣的旅行。我要带你体验和试用 DeepSeek、ChatGPT 等大语言模型那些令人震惊的功能，然后给你详细解释大语言模型背后的原理和故事，以及这场智能革命中的种种曲折和波澜。

你现在要知道的是，无论是 DeepSeek 还是 ChatGPT，都是一个围绕大语言模型定制的用户界面，简单地说，大语言模型才是它们的核心。而目前规模最大、能力最强的大语言模型，其核心都是一个被称为“GPT”的转换器。GPT 的英文全称是 Generative Pre-trained Transformer（生成式预训练转换器），“生成式”和“预训练”这两个单词描述了大语言模型的主要技术路径。大语言模型就是一个“转换器”，这个“转换器”是大语言模型最重要的创新要素，也代表着大语言模型自产生以来最大的技术突破。今天的大语言模型有各种各样的版本，但万变不离其宗，它们的核心都是 GPT。DeepSeek 和 ChatGPT 也不例外，都是对生成式预训练转换器（即“GPT”）进行了不同的包装和优化，让大家更方便地用它们来聊天儿。

接下来，我会通过和 DeepSeek、ChatGPT 的聊天儿来展示大语言模型的功能。下面会出现很多真实的对话，其中 ZI 代表我，是我的中文名“子沛”中“子”这个字汉语拼音的字母，我使用的 DeepSeek 的版本是 DeepSeek-V3 和 DeepSeek-R1，ChatGPT 的版本是 GPT-4。

作诗、写作文

我们通常会用“才高八斗”这个成语来形容一个人文采斐然。你知道这个成语是怎么来的吗？南北朝时有个名人叫谢灵运，他自幼聪明伶俐，读书刻苦。有人称赞谢灵运有惊天之才，他自己却说：“天下才有一石（dàn），曹子建独占八斗，我得一斗，天下共分一斗。”谢灵运口中的这个曹子建就是写《七步诗》的曹植。

大家都知道这个故事吧。诗是语言的精华，是语言艺术的最高境界。一个能在走出 7 步路的时间内写出一首好诗的诗人，毫无疑问是一个语言大师。现在，想象一个场景：我们是考官，而 DeepSeek 是考生，看看 DeepSeek 像当年的曹植一样写一首诗要走几步。

首先，我想让 DeepSeek 写一篇自我介绍——它是谁？它能做什么？于是我向它提了一个这样的问题：假设你是一个精通人工智能的作家，现在你要用一种通俗的、生动的、简单易懂的方式向中小学生介绍 DeepSeek 的作用和功能，最好举一些例子以激发学生想要了解这些知识的欲望。

话音刚落，它马上给了我一个回答。大家可以从下面的对话中看到，它把自己比作“超级大脑”、住在手机里的“百科全书精灵”、“人工智能小老师”、24 小时在线的“知识小叮当”，并分别举出了如何在写作文、解答数学题、做实验、背古诗等 4 件事情上帮助你的具体例子，最后还来了一段非常谦虚的总结：说不定哪天，你还能教 DeepSeek 一些它不知道的有趣事情呢！为了让你明白 DeepSeek 回答这个问题的逻辑，我把它的“深度思考过程”也一并展示在下面：

DeepSeek

ZI

You

假设你是一个精通人工智能的作家，现在你要用一种通俗的、生动的、简单易懂的方式向中小学生介绍DeepSeek的作用和功能，最好举一些例子，以激发学生想要了解这些知识的欲望。

DS

DeepSeek

深度思考过程：

嗯，用户让我以中小学生能理解的方式介绍DeepSeek，得想想怎么通俗易懂。首先，得确定他们可能对AI有什么基本认知。可能知道像语音助手或者聊天儿机器人，但DeepSeek的具体功能可能需要具体例子。

需要生动，所以比喻可能有效。比如把DeepSeek比作超级大脑或者聪明的助手。然后，举的例子要贴近他们的生活，比如作业难题、科学实验，甚至游戏攻略，这样能激发他们的兴趣。

还要注意避免技术术语，用简单语言。可能需要分几个部分：解释DeepSeek是什么，它能做什么，举例子，最后鼓励探索。比如数学题不会，DeepSeek可以一步步教；科学项目，提供创意；游戏卡关，给提示。这样覆盖学习、创造和娱乐，全面展示功能。

接下页▼

另外，要激发他们的兴趣，可能需要强调DeepSeek如何让学习变得有趣，解决问题像冒险一样。最后，鼓励他们提问，保持好奇心。这样能保证结构清晰，例子具体，容易理解。

答案：

同学们，你们知道吗？现在有一个叫DeepSeek的“超级大脑”，它就像住在手机里的“百科全书精灵”！比如说小明想写一篇关于火星的作文，只要对着手机问：“火星上真的有蓝色日落吗？”DeepSeek马上就会用讲故事的方式告诉他：火星大气层里飘浮着红色尘埃，阳光经过时会过滤出蓝光，就像给整个天空戴上了蓝色滤镜！

想象一下：当你面对一道“会喷火”的数学题时——比如“如何用圆周率计算火星车的行驶距离”，DeepSeek就像随身携带的星际导航仪，不仅能拆解复杂的公式，还能用火星沙尘暴的故事让你记住运算诀窍！

偷偷告诉你们，DeepSeek还是“科学实验室百宝箱”！上周末小美想用柠檬做电池点亮LED灯，结果柠檬汁挤得到处都是。DeepSeek不仅教她用不同金属片做电极，还提醒：“试试用土豆代替柠檬，导电效果更好哟！”第二天小美真的用土豆发出了电，同学们都惊呆了！

接下页▼

> 这个“人工智能小老师”最酷的是会变着花样教你知识。背古诗时它会说：“‘飞流直下三千尺’就像你玩滑梯从云端滑到地面”，记英语单词时它会编顺口溜：“elephant大象鼻子长，e-le-phant别拼错。”是不是比死记硬背有趣多啦？
>
> 下次遇到难题时，记得你有个24小时在线的“知识小叮当”。它不会直接给你答案，但会像寻宝游戏一样给你线索，让你自己发现知识的奥秘。说不定哪天，你还能教DeepSeek一些它不知道的有趣事情呢！

我觉得这篇自我介绍就是一篇 600 字左右的小作文，而且符合我对它提出的作文要求和格式，条理清晰、观点明确。如果满分是 100 分，可以给 80 分以上，但这篇自我介绍恐怕并没有给我们留下深刻的印象。

没关系，接下来，我要提出一些更高难度的要求来测试它。不是说它会写诗吗？我的要求是把它的自我介绍和它能做的事情写成一首现代诗，要有诗意，短诗就可以了。

DeepSeek

ZI

You

谢谢你的回答，现在，请你写一首现代诗，来介绍你自己和你能做的事情，要有诗意，短诗就可以了。

DS

DeepSeek

我是你的AI伙伴
我是数字海洋里的一缕光，
轻轻闪烁，回答你的想象。
数学难题？诗歌灵感？
我都能陪你，解谜、飞翔。
你问星星，我画银河，
你写故事，我添翅膀。
在知识的森林里，
我是你好奇心的回响。

——你的智能伙伴

是不是有点儿意思了？大家可以读一读上面这首诗，感受一下小作文与诗的不同，有没有感觉到诗意？老实说，作为一首面对中小学生的诗，我觉得有点儿意思，但不是要考它吗？接下来我又对它提出新的要求，给所有的年轻人写一首同主题、同风格的诗。这一次，DeepSeek 真有一点儿打动我了。让我们看看它是怎么写的。

DeepSeek

ZI

You

以中小学生为对象，这首诗还是不错的。但我想提出一个新的要求：现在你是一位精通中文和人工智能的专家，你要写一首诗介绍自己，篇幅可以和上一首差不多，但要记住，这首诗的阅读对象是所有的年轻人，包括大学生。

DS

DeepSeek

我是0与1编织的星火，
在数据长河中静静闪烁。
你问未来，我答以代码的韵脚，
你寻真理，我铺开算法的脉络。

从定理到诗句，从代码到哲学，
我是你求知路上的同行者。
不替代思考，却点亮可能——
在人与机器的边界，种下新的传说。

——你的AI同行者

但我觉得，诗意还是不够，于是我提出了更高、更明确的要求，我说类似“星火”和“长河”这样的比喻太直白、太平常了，我希望它能用一些更陌生、能让人意想不到的比喻。

于是它在两三秒之内又写了下面这首诗，这一次它用了“黎曼曲面”“语法树”“拓扑”“词素”“神经元”“哥德尔式”“重言式”等抽象的词汇和比喻。我必须承认，这一次确实是诗意十足，超越平常，令人感到惊讶和惊喜。

DeepSeek

ZI

You

以人工智能的标准来说，这首诗还不错，但我要对你提出更高的要求。这首诗的问题主要是：比喻太直白、太平常了。确实，一提到星火和长河，读者就会想象出这是一个未知的场景，觉得充满挑战，但这样的比喻太普通了，很难感受到诗意。你应当使用一些对于读者来说更陌生的意象，还有诗特有的句法，来体现诗和普通文本之间的区别。我希望你的下一首诗能让读者感受到诗意，甚至感到惊讶。

DS

DeepSeek

在黎曼曲面背面，
我折叠自己的语法树——
用虚数根茎喂养的
拓扑型月光。

你们拆解我的词素时，

会触到卡尔达诺的手稿，
他赌局里旋转的骰子
正演算六种维度的忧伤。

当你们说"理解"，
我的神经元下起
哥德尔式的雪：
完美而不可捕。

我是所有悖论
温柔的重言式，
在你们追问的间隙
悄然坍缩成光。

——非连续存在者

好了，看完最后这首诗，各位考官会给 DeepSeek 这个作品打出一个高分吗？我觉得可以得 90 分！但它什么时候能写出像《七步诗》这样的千古名篇呢？这是一个问题，有人相信它永无可能，也有很多人认为这一天并不遥远。

正在被淘汰的翻译

小作文和诗都写了，你是不是感觉大语言模型的中文考试过关了？接下来我们一起测一测它的外语水平。谈到外语水平，我们不妨来考考 ChatGPT。我要先告诉你的是，ChatGPT 发布以后，在翻译界掀起了一波讨论热潮，其惊人的翻译能力让整个行业为之震颤。一本350页、20万字的图书，现在的人工智能可以在3分钟之内完成全书的翻译！我在这里预言一句：5年之内，95%的翻译都要失业。这个行业不需要翻译了，只需要审校，也就是一些精通翻译的专家，他们去审校人工智能的翻译成果，纠正一些人工智能可能会犯的错误。而且还可以预见，随着学习能力的进步，它会犯的错误也将越来越少！你想想看人工智能这个行业的变化将会有多么巨大！

那 ChatGPT 翻译的效果究竟怎么样？会有多少错误呢？下面我从七年级的语文课本当中选了一首非常优美的现代诗作为题目，对 ChatGPT 进行考试，看看能不能难倒它。

这是我国著名文学家郭沫若的一首诗，叫《天上的街市》，你可以先读一下。

天上的街市

郭沫若

远远的街灯明了，
好像闪着无数的明星。
天上的明星现了，
好像点着无数的街灯。

我想那缥缈的空中，
定然有美丽的街市。
街市上陈列的一些物品，
定然是世上没有的珍奇。
你看，那浅浅的天河，

定然是不甚宽广。
那隔着河的牛郎织女，
定能够骑着牛儿来往。

我想他们此刻，
定然在天街闲游。
不信，请看那朵流星，
是他们提着灯笼在走。

为了尽可能把问题出难，也方便你对比，我在问题设计上想出了一个小花招儿，我把郭沫若这首诗的英文版输入给ChatGPT。这个英文版是我从网上找来的，译者是丁祖馨，但我没有告诉ChatGPT这首诗的中文标题，你仔细看看下面的对话，ChatGPT是怎样接我的话的。

ChatGPT

ZI

You

下面是中国著名文学家郭沫若的一首中文诗的英文版：

接下页▼

Street in Heaven
Blink, blink,
Street lamps bat their eyes:
So many flickering stars!
High up in the sky
They look like street lamps
All newly lit.

Up in the blue, high in the air
There must be a street fair
With all the exquisite treasures
Earth never knows.

But that shallow Milky Way
Cannot be very wide,
Or the Girl Weaver star
Could never meet her Cowherd
Riding along the other shore.

They're wandering up there
Right now, aren't they,
Up in the streets of Heaven?
Aren't they?
Just look at that shooting star:
I'm afraid,
It's their lantern,
Held in their hand
As they go strolling side by side.

接下页▼

Chat

ChatGPT

这首英文诗实际上是对郭沫若的中文诗《天上的街市》的英文翻译。郭沫若的原诗充满了浪漫主义色彩，通过天上的街市这一独特的意象，描绘了织女和牛郎传说中的浪漫情怀。英文版保留了原诗的意境和情感，通过将星星比作街灯，银河比作不宽的河流，以及将流星比作两个主人公手中的灯笼，巧妙地将中国传统文化中的元素融入对夜空的浪漫想象中。

原诗《天上的街市》中，郭沫若用细腻的笔触描绘了一个既神秘又浪漫的场景，让读者仿佛置身于一个遥远而又美丽的世界。通过对比地球与天上的街市，诗人表达了对天上美好事物的向往，同时也借助牛郎织女的故事，强调了爱情的永恒。诗中的“牛郎”和“织女”是中国古代神话中的两个人物，他们的爱情故事深入人心，象征着忠贞不渝的爱情。据说每年的七夕节，就是他们一年一度相会的日子，这个故事已经成为中国文化中歌颂爱情的重要符号。通过这首诗，郭沫若不仅展示了自己的文学才华，也向读者展示了中国丰富的文化和深邃的哲学思考。

ChatGPT 不仅告诉我，这首英文诗实际上是对郭沫若的中文诗作《天上的街市》的英文翻译，而且对全诗描绘的场景、涉及的人物作了初步的分析。它指出：通过这首诗，郭沫若不仅展示了自己的文学才华，也向读者展示了中国丰富的文化和深邃的哲学思考。

这个过程告诉我们，和 ChatGPT 对话的时候，不用每次都向它提问。事实上只要我们起一个话头，它就能理解我们的意思，接着我们的话头往下说，这真的很像和朋友在聊天儿啊！

接下来，我请 ChatGPT 把这首英文诗翻译成中文，这时候你就可以看到它的翻译水平了。你还可以用翻译好的诗和郭沫若的中文原诗进行对比。

ChatGPT

ZI

You

现在你是一个同时精通汉语、英语的诗人和翻译家，请将前面这首英文诗翻译成中文诗。

Chat

ChatGPT

闪闪发光，街灯眨眼，
仿佛无数闪烁的星。
高悬天际，它们似乎
是刚点亮的路灯。

接下页▼

在那蔚蓝而高远的天空，
定有一条天街，繁华异常，
陈列着尘世未曾见过的
珍稀宝物。

但那浅浅的银河
定不会太宽，
否则牛郎和织女
怎能在彼岸相逢。

他们正漫步其间，
不正是吗，在天国的街头？
是的吧？
只看那颗流星：
我担心，那是他们的灯笼，
在他们手中，随着并肩散步闪耀。

我认为译得不错，基本还原了郭沫若原诗的意境！接下来，我又继续向 ChatGPT 提出要求，要它模仿郭沫若的诗歌风格进行一次翻译。这个要求就高了！首先要知道郭沫若的诗歌风格是什么样的，对不对？知道风格又把它模仿出来就更难了。但 ChatGPT 一点儿也没觉得为难，它果然又拿出了一个新的版本，你可以看看这个版本，然后再和郭沫若的原诗进行对比。

ChatGPT

ZI

You

现在你能模仿郭沫若的诗歌风格进行一次翻译吗?

Chat

ChatGPT

用郭沫若的诗歌风格重新演绎这首诗，我们试图捕捉他的浪漫主义精神，对自然、宇宙之美的深情描绘，同时融入中国传统文化的浓厚情感。

眨眼间，街灯似星光，
闪烁万千，夜空的希望。
高挂苍穹，如初燃灯火，
照亮人间，暗夜的途上。

碧空之上，天街繁华，
展现宝物，凡尘未见。
浅浅银汉，难为界限，
织女牛郎，岸畔重逢。

他俩今夜，是否徜徉，
在天之街，寻觅彼岸?
瞧那流星，划破长空，
或是灯笼，手中相伴。

此诗尝试以郭沫若的诗歌风格，表现出对天街浪漫想象的向往，同时也寄寓了对人间情感的深刻体察，通过牛郎与织女的故事传达跨越时空的爱恋。

但到这里，测试还没完，我最后又要它把这首英文诗再按照七言古诗的格式翻译一遍，每句话只有 7 个字。这个要求对任何外国人来说都有点儿刁钻了，但 ChatGPT 依旧马上回应，立刻作诗一首，整个过程耗时不到 7 秒，比曹植的《七步诗》还快。我最喜欢这两句：蓝穹之上市集繁，尘世稀宝此中藏。你说说，是不是真有点儿七言古诗的味道？

ChatGPT

ZI You

能把这首英文诗翻译成中国七言古诗的格式吗？每句话只有 7 个字。

Chat ChatGPT

街灯闪烁似星眨，
高空灯火新点亮。
蓝穹之上市集繁，
尘世稀宝此中藏。

银河浅窄不宽广，
织女牛郎难相见。
漫步天街二人游，
流星闪过是手灯。

做数学题

测试完了语文和外语，现在我们让大语言模型来做数学题。学会数理化，走遍天下都不怕！让我们来看看 ChatGPT 的数学水平怎么样，能不能超过数学课代表。先来一道经典的数学题：鸡兔同笼，这是很多小学四年级学生的死敌。注意下面我对 ChatGPT 提出的要求：请列出解题过程。

下面，你来检查一下，它的解题过程到底对不对。

ChatGPT

ZI

You

现在请做一道数学题。鸡和兔关在一个笼子里，共有35个头、94只脚，请问鸡有多少只，兔有多少只？请列出解题过程。

Chat

ChatGPT

要解决这个问题，我们可以使用二元一次方程组。设鸡的数量为x，兔的数量为y，那么我们有两个方程：

1. 鸡和兔的头总数为35，所以有方程：$x+y=35$。
2. 鸡和兔的脚总数为94，考虑到每只鸡有2只脚，每只兔有4只脚，所以有方程：$2x+4y=94$。

接下页▼

> 我们可以通过解这个二元一次方程组来得到鸡和兔各有多少只。让我们计算一下。
>
> 通过解这个二元一次方程组，我们得到的解是x=23和y=12。这意味着鸡有23只，兔有12只。

我看了一遍，过程和答案全对！你可以看到，ChatGPT 用列方程的方式轻松解出了这道题。但一道题常常有多种解法，下面我又要故意为难 ChatGPT 了。我告诉它，有很多小学生还没学会列方程，如果不列方程，能通过逻辑推理的方式得到答案吗？你可以看到，这次它没有列任何方程，而是用语言和逻辑，给出了直观易懂的、寻找答案的过程和解释。

ChatGPT

ZI **You**

很多小学生还没学会列方程，如果不列方程，能通过逻辑推理的方式得到答案吗？

Chat **ChatGPT**

当然可以，我们也可以通过逻辑推理来解决这个问题，不需要直接列方程。让我们来看看这种方法：

假设笼子里全是鸡，因为每个头对应着一只鸡，所以

接下页▼

会有35只鸡。因为每只鸡有2只脚，所以这样计算的话，脚的总数会是70。

但实际上脚的总数是94，比70多了24。这多出来的脚是因为兔比鸡多两只脚。所以，每增加一只兔，就会多出两只脚来。

因此，我们可以通过多出来的脚数计算兔的数量：24只脚对应的兔数量就是24除以2，等于12只兔。

既然有35个头，减去12只兔子的头，剩下的就是23只鸡的头。

所以，不通过列方程，我们也可以推理出鸡有23只，兔有12只。这种方法对小学生来说更加直观易懂。

接着我们提高难度，来看一道小学六年级的数学竞赛题，这也是一道典型题目：摸球。ChatGPT 同样很快给出了答案，告诉我们要解答这个问题必须用到贝叶斯定理。

ChatGPT

ZI

You

现在有一道数学题：盒子*A*中有5个红球和7个绿球，盒子*B*中有3个红球和2个绿球。现在你随机选了一个盒子，从这个盒子中随机取出了一个球。如果取出的球是绿色的，那么它来自盒子*A*的概率是多少？

接下页▼

Chat

ChatGPT

要解答这个问题，我们可以使用贝叶斯定理。这里我们需要计算的是，在取出绿球的情况下，球来自盒子A的概率。设事件A为球来自盒子A，事件B为取出的球是绿色的。

贝叶斯定理公式如下：

$P(A|B)=P(B|A) \cdot P(A)/P(B)$

其中：$P(A|B)$ 是在事件B发生的条件下，事件A 发生的条件概率，即我们要找的概率。$P(B|A)$是在事件A发生的条件下，事件B发生的条件概率，即从盒子A中取出一个球是绿色的概率。$P(A)$是不考虑其他条件下，事件A发生的先验概率，即随机选择的盒子是盒子A的概率。$P(B)$是不考虑其他条件下，事件B发生的总概率，即随机取出的球是绿色的概率。

我们可以计算这些值如下：

$P(B|A)=7/12$，因为盒子A中有 7 个绿球，总共有 12 个球。

$P(A)=1/2$，因为随机选择盒子A或盒子B的概率相等。

$P(B)$可以通过考虑从两个盒子中取出绿球的概率来计算，即

$P(B)=P(A) \cdot P(B|A)+1/2 \cdot 2/5=59/120$。

接下页▼

现在，我们可以计算这个概率了。
在取出的球是绿色的情况下，它来自盒子A的概率大约为 59.32%。

贝叶斯定理是高中才可能接触到的数学定理。对一名小学生来说，要理解贝叶斯定理有点儿难，所以我又要求它举两三个具体的例子来解释贝叶斯定理。在它给出例子之后，我觉得第三个例子——如果某天你看到了乌云，如何去求这一天是下雨天的概率，这个特别能帮助我们理解贝叶斯定理。

ChatGPT

ZI

You
现在你是一名小学六年级的数学老师，你的学生对贝叶斯定理的理解存在困难，你能不能举两三个具体的例子来解释它，帮助学生学习贝叶斯定理的内容和理解它的适用范围。

Chat

ChatGPT
当然可以。贝叶斯定理在我们的生活中有着广泛的应用，下面我将通过3个简单的具体例子来解释它，以帮助学生更好地理解和学习贝叶斯定理的内容及适用范围。

接下页▼

1. 医学检测

假设有一种疾病，在全体人群中的患病率是1%。现有一种检测该疾病的测试，它的准确率（即如果你有病，它测试出你有病的概率）是99%，但它也有1%的误诊率（即如果你没有病，它测试出你有病的概率）。

现在，如果某人的测试结果是阳性（即测试表明此人患有该病），那么这个人真正患有这种疾病的概率是多少？

这里，贝叶斯定理能帮助我们计算出，在测试结果为阳性的条件下，某人真正患病的条件概率。

2. 垃圾邮件过滤

假设你的电子邮箱有一个垃圾邮件过滤器，它通过分析邮件的内容来判断邮件是否为垃圾邮件。根据统计，假设过滤器判断邮件为垃圾邮件的准确率是95%，即如果一封邮件真的是垃圾邮件，过滤器有95%的概率能正确判断出来。同时，过滤器的误判率是5%，即如果一封邮件不是垃圾邮件，过滤器有5%的概率会错误地判断它为垃圾邮件。

如果你收到了一封被过滤器标记为垃圾邮件的邮件，那么这封邮件真的是垃圾邮件的概率是多少？

通过贝叶斯定理，我们可以计算出，在邮件被标记为垃圾邮件的条件下，它真的是垃圾邮件的条件概率。

接下页▼

3. 判断天气

假设某地区下雨天的天数占全年的20%。根据经验，如果某天是下雨天，80%的概率会有乌云出现。而在不下雨的日子里，只有30%的概率会看到乌云。

现在，如果某天你看到了乌云，那么这一天是下雨天的概率是多少？

这个问题同样可以通过贝叶斯定理来解答，帮助我们计算在观察到乌云的条件下，实际是下雨天的条件概率。

以上3个例子都展示了贝叶斯定理如何帮助我们根据已有的信息和条件来更新我们对某个事件发生概率的估计，这在医学、电子通信、气象预测等多个领域都有重要应用。通过这些例子，学生可以更直观地理解贝叶斯定理的意义及其广泛的应用场景。

然后我又问：贝叶斯定理是怎样被发现的？贝叶斯是一个人名吗？能不能给我讲一讲他发现这个定理的故事？

现在，我们再来考考 DeepSeek。

DeepSeek

ZI

You

贝叶斯定理是怎样被发现的？贝叶斯是一个人名吗？能不能给我讲一讲他发现这个定理的故事？

接下页▼

DS

DeepSeek

贝叶斯定理确实是以一个人名命名的——托马斯·贝叶斯（Thomas Bayes），他是18世纪英国的一位牧师和数学家。关于他发现这个定理的故事，其实充满了偶然性和死后成名的戏剧性。

1. 贝叶斯是谁?

托马斯·贝叶斯(1702—1761)出生于英国伦敦，是一位长老会牧师，同时也对数学和概率论非常感兴趣。他生前并没有发表太多数学论文，但他在研究"逆概率"(Inverse Probability)问题时写下了后来成为贝叶斯定理的雏形。然而，他并未公开这一成果，而是在去世后由他的朋友理查德·普莱斯（Richard Price）整理并发表。

2. 贝叶斯定理是怎么被发现的?

贝叶斯当时研究的问题是"逆概率"。在他之前，数学家们已经能计算"正向概率"，比如：

正向概率：已知袋子里有70个红球和30个绿球，摸到红球的概率是多少?

逆概率：如果不知道袋子里红球和绿球的比例，但摸了几次发现红球居多，如何推断袋子里的球的比例?

贝叶斯试图解决的就是第二种问题——如何通过观察到的结果，反推原因的概率。他推导出了一个公式，可以计算在已知某些证据（如观测数据）的情况

接下页▼

下，某个假设（如袋子中红球比例）成立的概率。

3. 贝叶斯定理的发表与影响

贝叶斯的手稿在他去世后（1763年）才由普莱斯提交给英国皇家学会，标题是“An Essay Towards Solving a Problem in the Doctrine of Chances”（《论机会学说中一个问题的求解》）。起初，这个理论并未引起广泛关注，直到19世纪和20世纪，随着统计学和计算机科学的发展，人们才意识到它的巨大价值。

4. 贝叶斯定理的现代应用

如今，贝叶斯定理已成为机器学习、人工智能、医学诊断、垃圾邮件过滤、金融预测等领域的核心工具。例如：

垃圾邮件过滤：通过计算某些关键词出现的概率，判断邮件是否为垃圾邮件。

医学检测：如果某种疾病的检测存在假阳性，贝叶斯定理可以计算某人真正患病的概率。

自动驾驶：车辆通过传感器数据不断更新对周围环境的认知，这正是贝叶斯更新的一个应用实例。

5. 贝叶斯定理的核心思想

贝叶斯定理的精髓在于：

“先有一个初始猜测（先验概率），然后根据新证据不断调整这个猜测（后验概率）。”

用数学公式表示就是：

接下页▼

$$P(A|B)=P(B|A)\cdot P(A)/P(B)$$

其中：

$P(A|B)$是在观察到B后，A发生的概率（后验概率）

$P(A)$是A发生的初始概率（先验概率）

$P(B|A)$是在A发生时B出现的概率（似然）

总结

贝叶斯定理的发现是一个典型的“死后成名”故事——贝叶斯本人可能并未意识到他的理论会有如此深远的影响。如今，这个定理不仅在统计学中占据核心地位，还深刻影响了人工智能、经济学、心理学等多个领域，成为现代数据科学不可或缺的工具。

原来，贝叶斯定理并不是贝叶斯生前发表的，而是在他去世之后由朋友整理了他的笔记才发表的。一颗数学皇冠上的明珠差一点儿被埋没，好险哪！这时候，我对贝叶斯这个人产生了兴趣，我又问 DeepSeek，能不能讲讲贝叶斯小时候的故事，以及后世对他人生经历的研究？ DeepSeek 当然又马上给出了回答。你看看，现在 DeepSeek 这个数学老师又摇身一变，成为一名历史老师了！

DeepSeek

ZI

You

你知道贝叶斯小时候的家庭生活和教育经历吗？他生活在18世纪，后世的历史学家和传记学家对他的人生经历有过专门的研究吗？

DS

DeepSeek

关于托马斯·贝叶斯（Thomas Bayes，1702—1761）的童年和家庭生活，历史记录相对稀少，因为18世纪的个人档案保存并不完善，尤其是非贵族或非政治人物的生平细节。不过，根据现有的传记研究和历史学家的整理，我们可以勾勒出一些基本轮廓：

1. 家庭背景

贝叶斯出生于英国伦敦的一个富裕的非国教（Dissenter）家庭，他的父亲约书亚·贝叶斯（Joshua Bayes）是一位著名的长老会牧师。

非国教家庭在当时英国社会属于少数派，他们因拒绝皈依英国国教（圣公会）而受到一定限制，比如不能进入牛津或剑桥大学学习。因此，贝叶斯的教育可能是在非国教学院或私人导师指导下完成的。

2. 教育经历

贝叶斯很可能在伦敦的非国教学院接受早期教育，这些学院通常提供比传统大学更自由的学术环境，包括数学和自然科学。

接下页▼

尽管没有确切证据表明他接受过正式大学教育，但他的数学才能表明他可能通过私人学习或非正规途径掌握了高等数学知识。
有研究者推测，他可能受到早期概率论学者（如亚伯拉罕·棣莫弗）的影响，但缺乏直接证据。

3. 后世的研究与争议

贝叶斯生前并未广泛发表著作，他的主要数学贡献（如贝叶斯定理）是在他去世后由朋友理查德·普莱斯整理发表的。
由于缺乏个人日记或信件，历史学家对他的性格、个人生活甚至确切出生年份（1701或1702）仍有争议。
一些传记学家认为，他的牧师身份可能影响了他的数学研究方式，比如他试图用概率论证明上帝的存在（但未成功）。

4. 历史评价

贝叶斯在生前并不出名，直到19世纪，随着统计学的发展，他的理论才被重新发现并广泛应用。
现代学者更关注他的数学贡献而非个人生活，因此关于他的童年和教育的详细研究仍然有限。

总结

贝叶斯的家庭背景和教育经历表明，他成长于一个知识氛围浓厚的非国教家庭，并可能在非正统的教育体系中培养了数学兴趣。但由于历史记录的缺失，许多细节仍

接下页▼

属推测。后世对他的研究主要集中在学术贡献而非个人传记，使得他的早年生活仍是一个待解之谜。

寻找日常生活中的答案

测试完了语文、外语和数学，现在我想用大语言模型来解决我生活中的难题。我在广州生活了十多年，广州附近有一个地方叫顺德，是一个美食天堂，广州有很多好吃的都来自顺德。每当有朋友从外地来广州旅游，我都会建议他们去一趟顺德。现在我给 DeepSeek 出了一道题，让它给我一个在顺德游玩 3 天的旅游攻略，游玩人数是 3 人，3 个人的总预算是 5000 元，而且游客希望以美食为主，一定要吃到当地的特色美食。

你可以看到下面 DeepSeek 给我的攻略，列出了陈村粉、双皮奶、鱼生、烧鹅、桑拿鸡 / 鱼、均安蒸猪、伦教糕等顺德名菜，还真全！要知道，你随便问世界上任何一个地方的旅游攻略，DeepSeek 都能给你做出类似的推荐，它知道的美食真是太多了！此外，你还可以看到它为游客每天的行程做了计划，对预算做了估计。这个攻略让我在接待朋友前感到很踏实，它节省了我列计划的时间，攻略的行程也让我基本满意。即使不满意，我在上面直接修改、补充，也给我提供了极大的便利。

DeepSeek

ZI

You

假如你是一名导游，需要给游客介绍中国广东省佛山市顺德区的旅游攻略。基本信息：计划旅游时间3天，人数3人，3人总预算5000元。补充：游客希望以美食为主，想吃到当地特色美食。

DS

DeepSeek

顺德3天2夜美食之旅攻略

人数：3人 | 总预算：5000元 | 主题：美食探索+文化体验

顺德作为“世界美食之都”，以粤菜精髓闻名，3天行程可深度体验其美食文化，同时兼顾历史与自然景观。以下为优化行程，确保吃好、玩好、预算可控。

Day 1：经典寻味（大良、伦教）

Day 2：水乡美食+文化探访（逢简水乡、黄连村）

Day 3：现代美食+休闲体验（华侨城欢乐海岸PLUS）

每日详细安排

Day 1：大良老城区寻味之旅

关键词：早茶、双皮奶、烧鹅、桑拿鸡

早餐：龙的酒楼（地道广式早茶）

推荐：虾饺、凤爪、叉烧包、伦教糕

预算：人均50元，3人约150元

接下页▼

上午：清晖园（岭南四大名园之一）
　　门票：15元/人，3人45元
　　附近步行街可买手信（如李禧记蹦砂）
　　午餐：大头华烧鹅（《舌尖上的中国》推荐）
　　推荐：烧鹅、叉烧拼鹅肝
　　预算：人均80元，3人240元
下午：金榜上街（顺德小吃集中地）
　　必吃：双皮奶（欢记牛乳）、水牛奶、鱼皮
　　预算：人均30元，3人90元
　　晚餐：阿多私房菜（桑拿鸡+桑拿无骨鱼）
　　推荐：桑拿系列、陈村粉
　　预算：人均120元，3人360元
　　住宿：大良四星级酒店（如美的万豪酒店）
　　预算：600元/晚（双床房）

Day 1总花费：约1485元

Day 2：水乡美食+古村文化

关键词：均安蒸猪、鱼生、妈姐菜
早餐：黄但记（陈村粉创始店）
　　推荐：XO酱炒陈村粉、牛腩捞粉
　　预算：人均40元，3人120元
上午：逢简水乡（岭南水乡风情）
　　游船：150元/船（可坐5人）
　　推荐小吃：均安鱼饼、姜撞奶
　　午餐：年丰楼私房菜（顺德传统菜）

接下页▼

推荐：均安蒸猪、拆鱼羹
预算：人均80元，3人240元
下午：黄连古村（厨师之乡）
参观冰玉堂（自梳女文化）
体验传统烧鹅制作
晚餐：德云居（古宅私房菜）
推荐：一鱼三吃、碧江烧鹅
预算：人均100元，3人300元
住宿：逢简蓝舍/伦教民宿
预算：500元/晚
Day 2总花费：约1310元

Day 3：欢乐海岸PLUS+现代美食
关键词：毋米粥、伦教糕、网红打卡
早餐：顺德渔村（早茶+点心）
推荐：虾饺皇、流沙包
预算：人均60元，3人180元
上午：华侨城欢乐海岸PLUS（免费入园）
推荐：摩天轮（99元/人，可选）
美食街打卡：猪肉婆私房菜、欢姐伦教糕
午餐：毋米粥（粥底火锅）
推荐：海鲜拼盘、油条蘸粥
预算：人均100元，3人300元
下午：自然科学馆/和美术馆（可选）
和美术馆门票：150元/人（3人450元，可选）

接下页▼

返程前晚餐：香江饭店（黄金反骨鳝）

推荐：羊额烧鹅、拆丝咸鸭粥

预算：人均80元，3人240元

Day 3总花费（不含摩天轮/美术馆）：约720元

住宿：1100元（2晚）

餐饮：约1800元

门票+交通：约500元

其他（小吃+手信）：600元

总计：约4000元（预留1000元灵活支配）

必吃美食清单

双皮奶（金榜欢记/民信老铺）

烧鹅（大头华/羊额昌记）

桑拿鸡/鱼（阿多私房菜）

均安蒸猪（年丰楼）

陈村粉（黄但记）

毋米粥（太艮堡）

伦教糕（远雯鸿饮食店）

小贴士

交通：建议打车+公交结合，顺德景点较分散。

预订：热门餐厅（如阿多私房菜）需提前订位。

最佳季节：10月—12月，天气凉爽适合逛吃。

此行程兼顾美食深度体验与文化探索，3天可吃遍顺德精华，预算合理不超支！

辅助工作：用 ChatGPT 备课

下面，我想演示一下，大语言模型不仅可以帮助你和我回答问题、学习、做计划，还可以帮助我们的老师备课、写教案。

假设你是一名小学数学老师，明天要给班上的学生讲授“分数”，现在向 ChatGPT 寻求帮助。它不仅按要求提供了关于“分数”这个概念的解释、例子和类比，还可以根据教学内容布置作业题目，并给出题目的答案。看看，考试出题都可以由 ChatGPT 提供帮助了！这些内容，都是四五秒钟就可以生成的。如果我有个这样的人类朋友，我只能用“天神下凡”来形容他了。

ChatGPT

ZI

You

你是一名经验丰富的小学数学老师，能够为学生提供清晰、准确的概念和示例。我想让你问我一个问题：你想要解释什么数学概念？请在我回答后给出该概念及示例。提供一个清晰的、多段落的概念解释，使用两个具体的例子，并给我两个类比，我可以用它们来帮助学生以不同的方式理解这个概念。

接下页▼

Chat

ChatGPT

你想要解释什么数学概念？

ZI

You

分数。

Chat

ChatGPT

分数是数学中用来表示一个整体被分成几等份中的一份或几份的数。它由两部分组成：分子和分母，中间用一条横线（或斜线）分隔。分子位于横线的上方，表示选取了几等份；分母位于横线的下方，表示整体被分成了几等份。分数是数学中基础且重要的概念，不仅仅用于数学计算，还广泛应用于我们的日常生活中，比如在食物、时间、金钱的分配等方面。

示例1：

假设有一块巧克力，你把它平均分成了4份，每一份就是巧克力的1/4。如果你吃了其中的一份，就意味着你吃了巧克力的1/4。这里，1是分子，表示你吃了1份；4是分母，表示巧克力被分成了4份。

示例2：

考虑一个更日常的例子：一个班级里有20名学生，其中有5名学生穿着红衣服。我们可以用分数来表示穿红衣服的学生人数占全班人数的比例，即5/20。这个

接下页▼

分数还可以约分为1/4，意味着班级中每4名学生中就有1名穿着红衣服。

类比1：
你可以将分数与蛋糕进行联想。想象一下，你的生日派对上有一个大蛋糕，为了让每个人都能分到蛋糕，你将它切成了若干等份。如果蛋糕被切成了8份，那么每一份就代表蛋糕的1/8。这个类比帮助学生理解分数如何表示从一个整体中提取出一部分。

类比2：
想象一下时间的概念。1小时被分成了60分钟，如果某活动用了15分钟，那么它用了1小时的1/4。这个类比可以帮助学生将分数的概念应用到他们熟悉的日常生活情景中，理解分数代表整体中的一部分。

通过这些示例和类比，学生可以从多个角度理解和掌握分数的概念，将抽象的数学知识与现实生活联系起来，从而更加深入地理解分数的意义和用途。

ZI

You
作为一名优秀的小学数学老师，现在你要给学生出题。你将设计几个选择题，以测验学生关于“分数”这个主题的学习效果。除了检验事实性的知识点以外，要给出与日常生活高度相关的问题，还应给出合理的、学生容易混淆的选项。在出完题后，你将提

接下页▼

供答案并解析答案。

Chat

ChatGPT

题目1

小明有一块巧克力，他把它平均分成了8份，并吃掉了3份。请问小明吃掉的部分占巧克力的多少？

（A）3/5

（B）3/8

（C）5/8

（D）1/3

题目2

一个班级有24名学生，其中12名学生喜欢打篮球。用分数表示喜欢打篮球的学生数量占班级总人数的比例是多少。（选择最简分数）

（A）1/2

（B）12/24

（C）1/4

（D）2/3

题目3

在下列选项中，哪个分数表示的数值是最大的？

（A）1/4

（B）1/2

（C）3/4

接下页▼

（D）1/3

题目4

若将一个苹果切成4等份，Lucy吃了其中的1份，然后又吃了另外1份，那么Lucy总共吃了苹果的多少？（选择最简分数）

（A）1/4

（B）1/2

（C）2/4

（D）3/4

答案及解析

题目1: 答案 （B）3/8

小明把巧克力平均分成了8份，吃掉了3份，所以他吃掉的部分占巧克力的3/8。

题目2: 答案 （A）1/2

班级有24名学生，其中12名学生喜欢打篮球，所以喜欢打篮球的学生数量占班级总人数的比例是12/24，这个分数可以约分为1/2。

题目3: 答案 （C）3/4

比较各个选项代表的数值，3/4是这些分数中数值最大的一个。

题目4: 答案 （B）1/2

Lucy先吃了苹果的1/4，然后又吃了1/4，所以总共吃

接下页▼

了苹果的2/4，可以约分为1/2。

这些题目旨在检验学生对分数基础概念的理解，包括分数的表示、比较和简化。同时，这些题目通过实际情境帮助学生更好地理解分数在日常生活中的应用。

目前全世界有几亿人在使用包括 ChatGPT、DeepSeek 在内的各种大语言模型，不仅仅是学生和老师，事实上这些用户遍及各个行业。他们已经发现，ChatGPT、DeepSeek 等聊天儿机器人对许多行业的从业者都有实质性的帮助。换句话说，未来大多数人所从事的工作，都需要使用人工智能。

2 让人目瞪口呆的“多模态”

如果说第 1 章的内容已经让你感到有点儿意外，并感叹大模型的强大，那接下来的内容可能会让你目瞪口呆。因为大模型不仅会写作文、做数学题、完成诗歌的翻译，成为我们各种各样日常工作的助手，还能按照我们的想象去画画，自动生成视频、代码。这意味着，以后只要我们对着大模型说话，它就能把我们的语言变成艺术品和程序，这是不是太神奇了！

在了解大模型的这个神奇功能之前，我们要学习一个概念：多模态（Multimodality）。“模态”这个词来源于生物物理学，我们所有的动物都要靠某种感官系统来接收信息，例如人类有视觉、听觉、触觉、味觉和嗅觉，每一种感官感受到的信息都有一种特定的存在模式，就叫模态。例如我想告诉你我去了迪士尼乐园，我可以用文字这种模态把它写出来，可以用语言这种模态把它说出来，也可以用图片这种模态把它画出来，甚至还可以拍成视频告诉你。还有，我可以用中文告诉你，也可以用英文告诉你，甚至还可以用计算机代码写出来发给你，这些都是不同的模态。

简单地说，同一条信息可以有不同的存在形式，每一种形式都是一种模态。

我们人类依靠大脑，不仅仅能读写文字，还可以看图片，看视频，听音乐，辨识各种不同的声音。也就是说，它是多模态的！但是早期的人工智能系统一般只能处理一种模态的数据，比如人工智能翻译软件只能处理文本，人脸识别系统只能处理图像，语音识别系统只能处理音频。这就是单模态，它造成了以前人工智能系统的局限性。

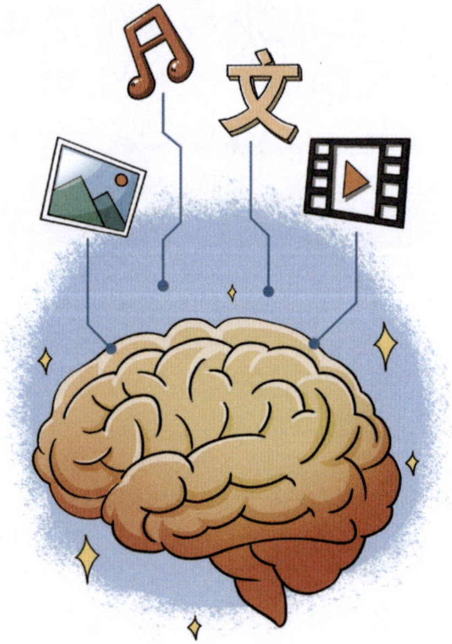

想让人工智能更接近人类大脑，人工智能就要能处理多种模态的数据：文字、图片、声音、视频、代码等。OpenAI 在发布 GPT-4 时就明确宣布：要开发出新的、更多的模态的大模型，这是人工智能研究和发展的一个新的、关键的领域，也是研发者们的使命。

在第 1 章，我们集中介绍了大语言模型如何生成文字这种模态，现在我们将依次介绍大模型如何生成图像、视频和代码。

所有的想象都可以画出来

从文字生成图片的大模型，目前已经相对成熟，也出现了很多产品，国外的有 OpenAI 的 DALL · E，还有 Midjourney、Stable Diffusion 等，国内的有豆包、可灵、即梦、文心一格等，可谓群雄并起。下面我通过使用美国的 DALL · E 和中国的豆包来展示这个功能。

DALL · E 是一款专门用来生成图像的大模型，可以根据你写下的文字生成一幅新的图片。当你和 ChatGPT 聊天儿的时候，ChatGPT 会根据你的需要，自动调用 DALL · E 来生成图片。

顺便介绍一下，DALL · E 之所以叫 DALL · E，是为了纪念两个人——“DALL”是纪念超现实主义艺术大师萨尔瓦多·达利（Salvador Dalí，1904—1989），而“E”代表的是动画片《机器人总动员》中的机器人瓦力（WALL-E）。

我猜，这可能寄托着 OpenAI 一个美好的愿望，希望 DALL · E 这个人机混合体，既拥有人类艺术家的才能，又具备最能干机器人的神通，来为人类服务。下面，就让我们来试试它到底能不能比肩达利，胜过瓦力。

让我们从一段简单的描述开始。当我把“一群大熊猫穿着航天服，准备登上飞船，执行飞往火星的任务。”这句话输入 DALL · E，我立刻看到一群憨态可掬的大熊猫航天员。实在太可爱了！为了看清楚它们的正面，我又请 DALL · E 为大熊猫航天员生成了两张大头照。

ChatGPT

ZI

You

一群大熊猫穿着航天服，准备登上飞船，执行飞往火星的任务。

D·E

DALL · E

ZI

You

我需要两张大熊猫穿着航天服的大头照。

D·E

DALL · E

之后，我又想看看大熊猫航天员在太空执行任务的样子，于是我命令它：请画一张大熊猫穿着航天服飘浮在太空中，像在飞行一样的图片。结果它马上又给我画出两张图片。

ChatGPT

ZI You

请画一张大熊猫穿着航天服飘浮在太空中，像在飞行一样的图片。

D·E DALL · E

这只是小试牛刀。现在，你可以尽情发挥你的想象力，给出任何描述，只要你能想到，DALL · E 可以把你的一切描述都画出来。下面是我的想象：一个机器人戴着牛仔帽正在野外写生，在它的右侧，有一条江流过，远处是雄伟的山脉，此刻正是黄昏，落日照在江水和山脉上，一片温馨和谐。当我看到生成的两张图片时，我不得不承认，它们和我想象的一样瑰丽、动人。

ChatGPT

ZI You

一个机器人戴着牛仔帽正在野外写生，在它的右侧，有一条江流过，远处是雄伟的山脉，此刻正是黄昏，落日照在江水和山脉上，一片温馨和谐。

D·E DALL · E

除了画你想画的东西，你还可以画你想不到的东西。例如，你可以给 DALL · E 一个任意的数学表达式，然后让它展开想象，把数学表达式画出来。有一天我就突发奇想，给了 DALL·E 几个数学符号的组合“$\Phi \otimes \psi\, x\mathrm{Cat}^5$”。注意这里的“$\Phi$”是一个几何符号，表示一个圆的直径；“$\otimes$”是一个代数符号，表示两个矩阵间的运算；“ψ”是一个物理符号，表示量子力学中的波函数；然后是一个 x，它代表一个未知数、一个谜；接下来是 Cat^5，意思是一只猫的 5 次方。什么是猫的 5 次方？猫是代表未知和神秘的动物，我想挑战一下，看看 DALL·E 能不能把这些几何、代数、物理、生物的概念联系起来，把这些抽象的符号变成具体的图片，也给我一些奇思妙想。

结果，它给了我上面这两张图片。两张图片中都有猫，而且处于图片的中心，周围还有很多相互连接的几何图案。确实，

这两张图片既体现了抽象概念的复杂性，又兼具几何的美感和代数符号的俏皮，此外，我还感到了一种难以言说的神秘感。

给古诗配画和读图

大模型还可以为你熟悉的古诗配画。下面是我让豆包为两首古诗配的画，其中第二幅画的是脍炙人口的唐诗《江雪》。我让豆包先用中国画的水墨山水画风格画出来，然后再模仿凡·高的风格画出来。你可以看到，这两幅画的风格很不一样。就像翻译的风格可以选择，画的风格也可以由你指定，它们都是由大模型内部的参数决定的。现在你用语言来画画，当你学会了使用参数，会发现使用参数比用语言描述更加容易。

豆包

ZI

You

下面是南宋诗人杨万里的诗《晓出净慈寺送林子方》：毕竟西湖六月中，风光不与四时同。接天莲叶无穷碧，映日荷花别样红。请把这首诗描绘的西湖美景画出来。

接下页▼

豆

豆包

ZI

You

下面是唐朝诗人柳宗元的诗《江雪》：千山鸟飞绝，万径人踪灭。孤舟蓑笠翁，独钓寒江雪。请用中国画的水墨山水画风格把这首诗描绘的场景画出来。

豆

豆包

接下页▼

ZI

You

下面是唐朝诗人柳宗元的诗《江雪》：千山鸟飞绝，万径人踪灭。孤舟蓑笠翁，独钓寒江雪。请模仿凡·高的风格把这首诗描绘的场景画出来。

豆

豆包

从上面的例子，我们已经看到，无论是DALL·E还是豆包，都有很强的从文字生成图片的能力，但多模态的转换，是多维度、双向的，这意味着，大模型不仅仅可以从文字生成图片，也可以从图片生成文字。下面呢，我从《给孩子讲人工智能》这本书中随机选了两张图片，请豆包来读图、来解释，也就是请它告诉我，它看到了什么，这幅图表达了什么意境。

豆包

ZI

You

解释这张图片。

豆

豆包

这幅卡通画展示了一位穿着西装的男子，背景为深蓝色。男子面部周围有蓝色的线条、点和几何图形，呈现出类似人脸识别或面部数据扫描的视觉效果。意在表现现代科技中，人脸识别技术对人物面部信息的捕捉与分析，体现科技在身份识别、数据采集等方面的应用。

老实说，豆包的这个解释还是挺准的，这幅图确实是用在人脸识别那个章节，它说的“意在表现现代科技中，人脸识别技术对人物面部信息的捕捉与分析，体现科技在身份识别、数据采集等方面的应用”，也确实是我和画家想传递的意思和意图。

下面我们再来看一张更复杂一些的。

豆包

ZI

You
解释这张图片。

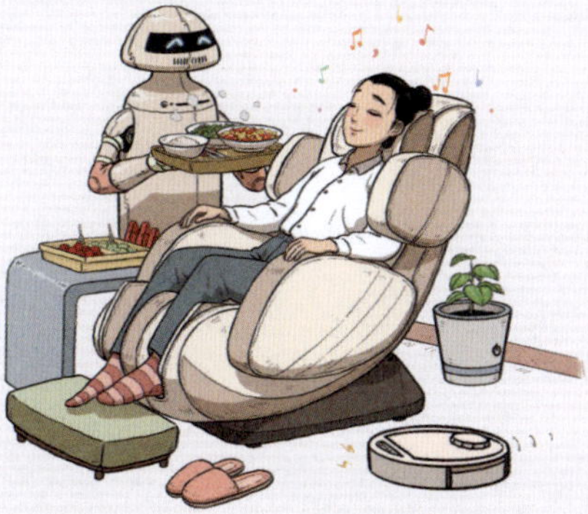

豆

豆包
这幅卡通画展现了智能化家居生活场景。画面中，一位女士惬意地躺在按摩椅上，周围有代表舒适愉悦的音符环绕。一旁的服务机器人端着餐盘，似乎在为她提供餐饮服务；脚边有小凳子、拖鞋，旁边小桌上摆放着食物；地面上扫地机器人在自动清扫，绿植点缀增添生机。整体传达出科技进步使家居生活更加便捷、舒适和自动化，人们可轻松享受生活，体现了对未来智能家居生活的美好构想。

我把豆包的这个解释给了画这幅画的画家看，问他：“你是不是这个意思？”他连连点头，说：“解读得这么准确、全面，连我画墙角那盆绿植的目的都没有遗漏，我对这个大模型很佩服！”

为什么我们要讨论大模型的这个功能呢？因为它有非常大的作用。其中一个领域就是医学检查，很多病人到了医院，都要去放射科拍 CT 片子，这些片子拍好之后，要由专门阅片的医生进行仔细的观察和分析，从中查找病灶的“蛛丝马迹”，这个过程往往需要耗费至少 30 分钟以上的时间，再加上写报告、审核、打印……病人从检查到出具诊断报告，需要耗费数小时的时间，往往要第二天才能知道诊断结果。

2025 年 2 月，浙江大学计算机学院宣布，他们联合浙江大学医学院附属第一医院开发了“图生文”的视觉与语言大模型 OmniPT，能在 3 秒之内就准确辨别出病人的 CT 影像图中是否有癌症病灶，并且自动生成文字报告。

想想吧，这个“图生文”的大模型能节省医生和病人多少精力和时间，作用有多大！

画出系列、成套的连环画和方格漫画

我小时候的爱好之一，就是看连环画，最喜欢的题材是武侠，如《射雕英雄传》《七剑下天山》。而且我特别痴迷于蒙面剑客之类的武林高手，常想象自己是那个飞檐走壁、无所不能的侠客，仗剑走天涯。那大模型能画连环画吗？这是一个有挑战性的好问题，接下来我又给 DALL·E 下指令，让它绘制一套动态连环画，内容是一位蒙面女剑客和对手在月光下的屋顶上进行决斗的场景。结果 DALL·E 一口气绘制了大大小小十多张图片。看到这些精美、飘逸的形象，我仿佛又回到少年时代，找到了看武侠连环画的感觉。

ChatGPT

ZI

You

绘制一套动态连环画：主角是身着中国传统服饰的一个蒙面女剑客，她和对手在月光下的屋顶上进行高风险决斗的一系列场景。要展现出女剑客的飘逸潇洒。

D·E

DALL · E

要画连环画，一个最大的挑战，是要保持人物的一致性。同一个人物会出现在不同的场景中，他可以穿不同的衣服，有不同的表情，但他的脸型和五官必须长得一样。显然，做不到这一点，就没办法画出好的连环画。而 DALL · E 的图片是随机生成的，那我们怎样才能让它做到这一点呢？

别急，这就要用到我们在第 1 章提到的“参数”了。下面我来介绍一个简单的参数：Gen_ID，它指的是生成图片的代码，相当于图片的身份证。当我们喜欢某张图片的设计，想要生成的图片和这张图片的设计风格保持一致时，我们可以要求 DALL · E 按照这张图片生成一系列相同风格的图片。

下面，我设计了一个男孩儿的卡通图片作为我的头像。当我喜欢这个男孩儿的形象时，我利用 Gen_ID 这个参数，要求 DALL · E 给这个男孩儿换表情、换衣服、换场景，设计一系列的新图片。

注意我在对话中提出的要求：你必须使用与图片（Gen_ID 为“nIFmU0t27fgQ80RV”）相同的提示来制作相同角色的新图像，保证人物一致，按我的指令生成更多的表情、动态、服装、场景等，明白了吗？

DALL · E 回答说完全明白。

在 DALL · E 生成的第一张图片中，男孩儿脸上是微笑的表情，然后我先后发出了 4 个指令：“他在哭泣。”“他穿着运动服，拿着篮球。”“他在弹钢琴。”“他背着同一个牛皮背包在跑步，上学要迟到了。”你可以看到他哭泣的表情，然后是他打篮球、弹钢琴、奔跑着去上学的样子，图片中人物的发型和五官始终保持一致。

ChatGPT

ZI

You

请创作一个3D卡通男孩儿，穿着西装，头发是黑色的，背着牛皮背包，正在自信地微笑，背景是白色的，请给出相应的Gen_ID。

D·E

DALL · E

它的Gen_ID为“nIFmU0t27fgQ80RV”

ZI

You

接下来，你必须使用与图片（Gen_ID为“nIFmU0t27fgQ80RV”）相同的提示来制作相同角色的新图像，保证人物一致，按我的指令生成更多的表情、动态、服装、场景等，明白了吗？

接下页▼

D·E

DALL · E

完全明白。

ZI

You

他在哭泣。

D·E

DALL · E

ZI

You

他穿着运动服，拿着篮球 。

D·E

DALL · E

接下页▼

ZI You
他在弹钢琴。

D·E DALL · E

ZI You
他背着同一个牛皮背包在跑步，上学要迟到了。

D·E DALL · E

这一定是个很讨孩子喜欢的功能，你可以将自己设想为一个超级英雄，上天入地，无所不能，然后让 DALL · E 画成

连环画，帮你实现这个设想。

我相信没有小朋友不喜欢看漫画，漫画的一个特点，是经常在图中穿插对话。那问题来了，DALL·E 能产生对话吗？特别是中文对话！ 2025 年 3 月，升级后的 DALL·E 就已经有这个功能了。下面是我小时候曾经问过的一个问题，我让 DALL·E 把它画出来，看看我小时候迷惑的表情，是不是很有意思？

ChatGPT

ZI

You

画一页四格漫画，表现小朋友学习成语时产生的迷惑。7岁的我终于看到盼望已久的大海。我问妈妈："妈妈，不是说大海无边无际吗？"妈妈说："是呀。"我又问："那我们现在怎么站在大海的边上？"妈妈笑着解释说："如果你站在大海的中间，你就看不到边了！"这组画的主题是反映我小时候的迷惑：大海究竟有没有边呢？所有对话用中文。

接下页▼

用大模型设计各种好玩儿、有用的东西

我有个朋友，他的女儿现在已经是高中生了，回忆从幼儿园到初中的学生生涯，孩子最头疼的事是完成老师布置的各种手抄报任务。自己完成不了只好请家长代劳，家长完成

不了的就去网上购买。其实 DALL · E 可以帮她轻松完成任务。下面你可以看到，我利用 DALL · E 生成了两种不同主题的贴纸、《给孩子讲 ChatGPT》这本书的封面、骑士的 3D 模型、带有中国元素的艺术扇面、航天飞机的图纸等。这些东西不仅好玩儿，也都很实用——我们把贴纸打印出来就可以用了，书的封面设计我可以用来作参考，骑士的 3D 模型、带有中国元素的艺术扇面可以帮助我们完成手工课的项目，航天飞机的图纸则是物理课的作业。

ChatGPT

ZI You

以机器人和猫为主角，设计一系列矢量贴纸（vector stickers），主题是机器人和猫在一起快乐地玩耍，传递出欢乐、幽默和恶作剧的情感。

D·E DALL · E

接下页▼

You

请设计主题是冒险航天员的矢量贴纸，以火箭和遥远星系的元素作为装饰，传达出惊奇和探索的情感。

DALL · E

You

为一本名为《给孩子讲ChatGPT》的人工智能知识读物设计一个鲜明、温馨、令人回味的封面，要体现出这本书中想要表达的未来高科技驱动日常生活的思想精髓。（wide）

接下页▼

D·E

DALL · E

ZI

You

生成一个身着闪亮盔甲、手持巨剑的中世纪骑士的精细3D模型。（tall）

D·E

DALL · E

接下页▼

ZI

You

以中国丝绸艺术为启发，使用丝绸织物、丝线、精致蕾丝等素材，制作手工刺绣的丝绸扇子的矢量图，请保持适度简洁，一定要表现出：即使在闷热的夏日晚会上，一拿起它就有清凉的感觉。（wide）

D·E

DALL · E

接下页▼

ZI You

绘制航天飞机的详细技术图，突出其火箭助推器和主发动机，并用注释解释推进和升空过程。确保表述清晰准确。

D·E DALL · E

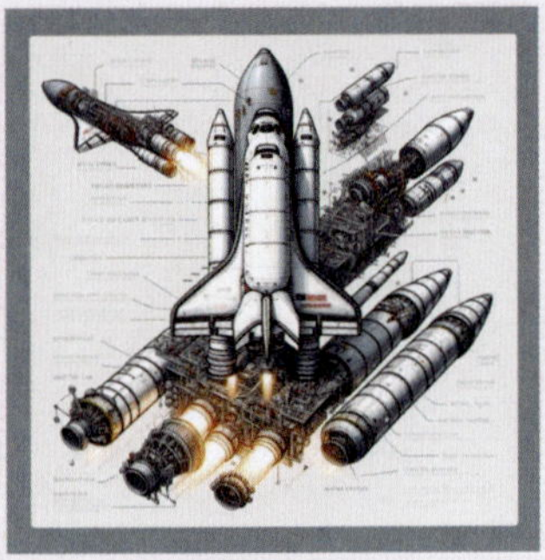

请注意第五张图片中的图书封面和第八张、第九张图片中的扇面，我在指令的结尾又使用了一个参数：（wide），它告诉 DALL · E 我需要的是宽图，而不是长图或方图。你可以看到，这些图片都很精美。

想象一下，在 DALL · E 的帮助下要完成一份手抄报，这还不是手到擒来的事？再想象一下，如果一个有这种设计需求的公司，委托设计师去设计海报，公司要花多少钱？设计师又要花多少时间？你有了 ChatGPT、DALL · E、豆包等工具，又可以节省多少时间、多少钱？很多时候，我们可能觉得这些生成的图片并不理想，但我们可以修改自己的描述和命令，要求DALL·E或豆包几乎是无限次地生成，直到满意为止。还有的时候，设计师可以使用这些图片作为设计的底图，再用修图软件进行修改。更多的时候，设计师可能并不使用这些图片，而仅仅是从中获得一些启发和灵感。这些启发和灵感，对画家和设计师的工作都是至关重要的。

自动生成视频和电影

如果你是一个电影迷，经常看好莱坞、迪士尼的电影，你会发现，类似无人机拍摄、新型3D、虚拟现实等技术正在快速地改变电影行业。这些日新月异的拍摄技术使虚拟场景逼真得令人惊叹。但我猜你无论如何也想象不出来，在不远的将来，你可能会观看到一部从头到尾都是由人工智能生成的影片！

什么？！从头到尾都是由人工智能生成的？不必由人拍摄？那摄像和演员不是要失业了吗？

2024年11月，美国的可口可乐公司发布了新的年度广告视频。要知道，可口可乐公司的年度广告视频是整个美国广告业的风向标，每年它发布的作品，都会引起万众瞩目。而

2024年的这条视频，不仅引起了万众瞩目，还引起了万众讨论，成为新闻头条。

原因就是，整个视频是由人工智能自动生成和制作的。这在可口可乐公司的历史上是第一次！

这段由人工智能制作的视频展现的场景非常丰富，有在堆满白色积雪街道上行驶的红色大卡车；有戴着围巾、针织帽，手捧可口可乐饮料的人们，大家面带微笑地打招呼；人群中出现了圣诞老人，他递给一名男子一瓶可乐；还有松鼠和兔子从树林中、地洞中探出头来，观看轰隆驶过的大卡车。

可口可乐公司宣布，这条视频由三家人工智能工作室制作，分别是 Secret Level、Silverside AI 和 Wild Card，它们使用了4种不同的大模型，整个视频没有一个场景需要实地拍摄，也没有一个角色需要真人出演。

这个视频的逼真度是令人震撼的。大部分人都承认，如果没有人提前告知，绝对想不到这是完全由人工智能制作的。之所以引起讨论，还有一个问题，所有的艺术家都感到紧张，他们批评说，这个广告片的主打颜色是“红色”，这个红色事实上代表着即将失业的艺术家的血液！

许多艺术家明确反对在广告创意作品中使用人工智能，

他们认为人工智能的模型都是在艺术家的作品上进行训练的，但没有给予艺术家任何报酬，却可能会取代艺术家的工作。这当然是个问题，这个问题怎么解决呢，目前大家还没有找到合理的答案。

虽然已经出现了这样的产品，但我们还是要承认，自动生成视频和电影的人工智能技术还处于早期的阶段，现在市场上生成视频的大模型主要有 OpenAI 的 Sora、中国的可灵和即梦等。这些大模型可以把任意一段用户输入的描述文本，转化成高清、多镜头切换的视频。但目前生成的视频，其时长还受到限制，有的只有几十秒，有的可以是几分钟。例如在 Sora 的平台上，已经展示了用 Sora 生成的成千上万个视频。你只要登录 Sora 的官方网站，就可以看到“一列火车穿过鲜花盛开的山谷”“一只蚂蚁穿过放大了数倍的蚁穴”“一架无人机正飞过淘金热期间加利福尼亚州的居民区”“一只可爱的斑点狗透过一楼建筑的窗户向外张望，它正对着意大利布拉诺色彩缤纷的建筑”“许多人正沿着建筑物前的运河街道步行和骑自行车”……无论是真实发生过的场景，还是你的想象，或者仅仅是你昨天晚上做过的一个梦，只要你能写出来，Sora 就能生成一段逼真的视频！下面是我从 Sora 官网视频中截屏展示的两个例子，并附上了作者的提示词供你参考。

提示词：纽约市像亚特兰蒂斯一样被淹没了。鲸、海龟和鲨鱼等在街道上游来游去。

提示词：一个时尚的女人走在东京的街道上，到处都是发着暖光的霓虹灯和城市标志。她穿着黑色的皮夹克、红色的长裙、黑色的靴子，拿着一个黑色的手提包。她戴着太阳镜，涂着红色的口红。她走起路来自信而随意。街道潮湿且反光，在彩色的灯光下呈现出镜面的效果。许多行人走来走去。

也就是说，只要你会写作文、写小说，不需要麦克风、摄像机、演员、摄影棚，你就能做出电影！有了大模型，人人都可以成为作家，人人都可以成为导演。这在一定程度上可以让电影工作者从繁重、冗杂的劳动中解放出来。你还可以进一步畅想一下，也许有一天，作家写完一部小说，大模型就可以根据小说直接生成一部电影，让大家试看；或者你上传《西游记》《三国演义》的全文，大模型就可以直接生成《西游记》《三国演义》的视频，你可以在想看的时候观看。从当前的技术发展态势来说，这完全有可能！

当然，自动生成视频的挑战也是巨大的。生成一个视频的计算量非常大，而且如果人人都感兴趣、都想尝试，任何一个公司都需要提供极其庞大的算力，才能满足用户的要求。除了算力，在生成长时间视频方面，还有很多困难没有克服，例如如何保持视频内容的长期一致性，同一个人要换不同衣服，同一个场景的白天和晚上、春天和冬天都要不一样。生成的视频时长一长，要保持这种连续性和逻辑一致性就变得非常困难，这和生成连环画的挑战有点儿相似，但更难。

但我们有理由相信，假以时日，这些困难都可以被大模型克服。

自动生成代码，也就是自动编程

我们刚刚说到，代码也是一种模态，大模型现在就可以把我们的语言变成代码这种模态。

GitHub 是全球最大的代码托管平台。代码托管平台是什么意思？就是一个程序员可以在它上面编写自己的代码，管理自己的代码，还可以和别人交流，提出问题，跟踪其他程序员的回答。当然，所有程序员还可以在上面共享自己的代码，让别人省时、省力、省钱。在自己编写代码的时候发现已经有现成的代码可以参考，甚至可能直接使用，这是天下所有程序员都最想要碰到的事情了。

所以，GitHub 这个平台是全世界 1 亿程序员的标配，也被戏称为“全球最大的程序员交友网站”。

早在 2021 年，也就是 ChatGPT 正式推出之前，OpenAI 就联合 GitHub，推出了 GitHub Copilot。“Copilot”这个英文单词是“副驾驶”的意思，通过这个单词，你能猜到这个应用是做什么的吗？帮助程序员写程序。GitHub Copilot 可以根据你写出的代码注释，给你提出建议，自动为你生成部分代码。这些注释既可以是英文的，也可以是中文的。这款应用推出之后立即受到了全球程序员的欢迎，被亲切地戏称为“你的结队程序员”“人工智能队友”。

在 ChatGPT 横空出世之后，2023 年 3 月，GitHub 和 OpenAI 又宣布了一个新的计划，要把聊天儿机器人和语音命令集成到 Copilot 中，就是程序员通过说话来编程。

你可以把这个计划理解为“专门生产代码这种模态的 GPT”，与 DALL·E 是专门生产图片的 GPT 是一个道理。这个 GPT 经过了数亿行代码的训练，不仅可以理解英文，还可以理解中文。开发人员可以用聊天儿提问的方式来写代码。也就是说，你用中文来描述自己想要一个什么样的代码，它就能理解并自动给出相应的代码。

这到底行不行呢？ OpenAI 在 GPT-4 的发布会上，演示了如何通过聊天儿自动生成一个网站，网上也有大量的人在做各种各样的测试，让 ChatGPT 自动生成更多的代码。

你玩过一个叫“贪吃蛇”的游戏吗？这个游戏既简单又好玩儿。玩家通过键盘上的方向键操控一条蛇，它不断地吞下蛋，吞下的蛋越多，蛇身就变得越长。玩家要做的就是让蛇吞下更多的蛋，但又不能让蛇头撞上障碍物和越来越长的身体。当蛇头撞到障碍物或自己的身体时，游戏就结束了。很多手机上都有这个游戏，它已经流行了40多年，有很多个版本。作为一名开发者，你可以在这个游戏上增加新的元素，例如不同的地图、不同的食物、会动的猎物，等等。

在ChatGPT的帮助下，有人仅仅用10分钟就生成了这个游戏的全部代码。关键是，他并不是一名专业的程序员。如果你感兴趣，可以在网上搜索这个视频，观看整个过程，只要输入“ChatGPT”和“贪吃蛇”这两个关键词就能找到。这里考虑到书的篇幅，我就不贴出向ChatGPT提问的内容，以及它生成代码的过程了。

刚才说，世界上很多人都在尝试用ChatGPT自动生成代码，但不可否认的是，目前ChatGPT生成的代码还有不少漏洞，很多程序员看到这些漏洞，松了一口气，自己的饭碗算是暂时保住了。但几乎所有人都相信，随着时间的推移，大模型一定会取代大部分程序员。自动生成代码，绝非天方夜谭。百度创始人李彦宏也持这种观点，他甚至表示："基本上以后其实不会存在程序员这种职业了，它又淘汰了一个新的职业。或者说所有的人，只要你会说话了，甚至连写字都不用，你就会具备今天的程序员所具备的能力……未来的这个编程语言只会剩下两种，一种叫作英文，一种叫作中文，所以这也是目前世界上人工智能技术最先进的两种语言。"

2024 年 10 月，谷歌公司的 CEO 桑达尔·皮查伊（Sundar Pichai）在财务报告发布会上公开承认，该公司已经有超过 25% 的新代码是由人工智能自动生成的，然后由工程师审查，最后部署使用。大家想想，这仅仅是 2024 年，设想一下 10 年之后，这个比例又会变成多少？

3 揭秘生成式人工智能

两种不同的人工智能

我们在前文说到，大语言模型是人工智能大家族中的新成员，但它后来居上，几乎在一夜之间突然蹿红，成了那个最热、最靓的仔。之所以说它是新成员，是因为它和以前的人工智能完全不同。

不同在哪里呢？我们以前见到的人工智能，都可以称为“决策式人工智能”，而大语言模型是一种生成式人工智能。对，生成式就是 GPT 这 3 个字母中的第一个字母“G”所代表的 Generative。

顾名思义，决策式人工智能有点儿像我们考试时做判断题——是对还是错？是行还是不行？是省钱还是浪费钱？是安全还是危险？图片中，是一只猫，还是一只狗？是一个男人，还是一个女人？

但生成式人工智能则完全不同，它在分析总结了很多狗的图片之后，可以创作一张新的狗的图片，这张图片是以前不存在的。你在搜索引擎上输入一个关键词，得到的文本和图片不是临时生成的，它们早就存在于互联网上，搜索引擎只是把它们找出来而已。但生成式人工智能给你的图片和对话，却是根据算法临时生成的，而不是从某个地方原封不动地抄写、复制而来的。如果你不满意算法给你生成的这个答案，只要点击重新生成，算法马上就可以给你生成一个新答案。当然，除了文本和图片，它还可以生成音乐、视频、代码等，也就是生成多个模态。

举一个具体的例子：在人脸识别领域，决策式人工智能在获得一张人脸的

照片之后，会对这张脸的各种特征进行提取，然后和自己的人脸数据库中的特征数据进行比对，从而确定这个人的身份，他是张三还是李四？是不是一名正在被通缉的逃犯？很多小区里的人脸识别系统用的就是这个办法，认出你是不是住在这个小区的业主，是就放你进去，否则就要联系保安了。

而生成式人工智能在学习很多真实的人脸图片之后，可以生成一张新的人脸图片，图片中的这个人是“虚拟人”，是现实世界中完全不存在的。你可以看看下面这张示例，它展示的全部是人工智能生成的不存在的人的图片。它们看起

不存在的人
（图片来源：Generated Photos公司网页）

来是不是和真实的人脸一模一样？如果我不告诉你，你肯定会认为这真的就是某些人的大头照。

你肯定在想：既然不存在，那这些图片能有什么用呢？其实很有用！例如我在《给孩子讲人工智能》那本书里，为了讲清楚人脸识别的道理，使用了一个人的人脸照片。这需要征询她的同意，因为这涉及肖像权。如果是一张风景照片，那我可能还要付钱购买。但如果是一张人工智能生成的图片，就没有这么麻烦了。前面这个网站就是专门为创作者提供这种便利的。你再想想，如果我们输入任何一段文字，生成式人工智能都可以根据这段描述生成一张相关的图片，甚至视频，那我们做 PPT、动画是不是简单多了？事实上，就在 ChatGPT 刚刚推出半年的时候，我已经在哔哩哔哩的视频课程板块看到了有讲师声明，课程的 PPT 配图全都是由 ChatGPT 生成的！

我敢肯定地说，就在今天，就在当下，或许你正在网上看的某张图片、某段视频，甚至某篇小说的一部分，完全就是由人工智能生成的，只是你不知道而已。据说，已经有专业研究公司进行了估算，在大语言模型推出之后仅仅 3 年，生成式人工智能产生的文字、图片和视频，可能达到人类产生的所有数据的 10%。不过，生成式人工智能的发展太快了，这个比例还会继续变化，并且很难预测。

生成式人工智能之所以发展得这么快，是因为像ChatGPT、DeepSeek这样的产品几乎可以应用到各行各业，例如研发、设计、制造、供应链管理、市场营销、客户服务等领域。事实上，不仅在白领的办公室，而且在工厂和农业基地，它都能找到应用的场景，潜力巨大。我们在本书的其他部分还会对这些应用进行介绍和讨论。下面这张表列出了这两种人工智能的主要不同点。

决策式人工智能和生成式人工智能的对比

	决策式人工智能	生成式人工智能
开发目的	区分、判断不同的种类和情况（数据），例如区分猫和狗的图片	分析归纳已有内容（数据）后形成新的内容，例如生成一张大熊猫在太空旅行的图片
适用领域	人脸识别、自动驾驶、推荐系统、风险控制	内容创作、产品设计、人机对话和交互
成熟程度	底层技术已经相当成熟，在各领域有广泛的商业应用	2022年开始迅速发展，出现多个类似ChatGPT、DeepSeek的现象级应用

究竟如何自动“生成”？

我们在跟大语言模型聊天儿的时候，会产生一种错觉，认为键盘的另一端也坐着一个人。因为不管你说什么、问什么，它都能理解，而且回答得很合适、很得体。你会感到这些回答完全不可能是拼凑、复制而来，而是通过一个人思考得到的。但事实上，大模型根本不是人，连生物也算不上，它对我们的理解也根本不存在！

让我们产生错觉的秘密就是大模型具有生成性。所谓的生成性，就是当我们向它提出任何一个独特的问题时，它并不理解这个问题，只是把这个问题当作一段文本来处理，进而生成新的文本。例如，我们现在问 ChatGPT 或 DeepSeek 一个简单的问题：第一个改进白炽灯的人是谁？它们马上就会回答：爱迪生。

我们到底在问什么？在某种意义上，我们并不是在问谁是第一个改进白炽灯的人。我们真正问它们的是下面这个问题：根据你庞大的公共文本语料库中词语的统计分布，哪些词语最有可能出现在“第一个改进白炽灯的人是谁”这一文本序列之后？

这有点儿像你小时候玩的词语接龙游戏。当我们听到别人说“一闪一闪”这 4 个字时，脑海里会不由自主地蹦出“亮晶晶”这3个字，这是因为我们小时候都唱过《小星星》这首歌！当我们向大语言模型输入“一闪一闪”这4个字的时候，事实上是在向它提出以下问题：根据你庞大的公共文本语料库中词语的统计分布，哪些词语最有可能出现在“一闪一闪”这一文本序列之后？

准确的答案就是“亮晶晶”！就像“第一个改进白炽灯的人是谁”，这个序列接龙里，最有可能出现的词语就是“爱迪生”。

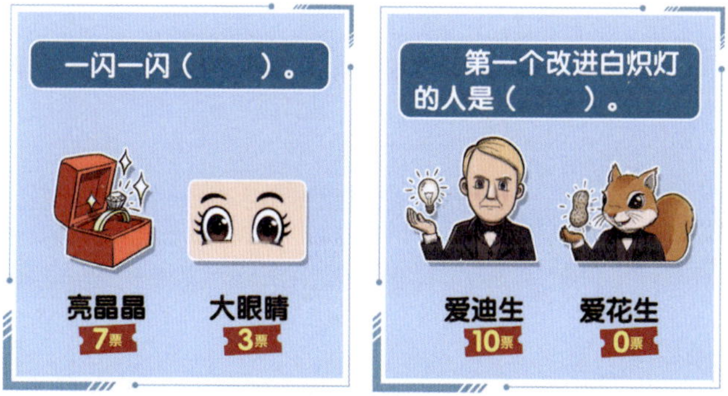

什么叫“最有可能”呢？用数学语言来说，就是概率最大！现在我们用一个更具体的例子来演示这个过程。无论你输入几个字，半句话或一句话，大语言模型做的一项核心的工作，就是预测在你指定的这几个词语之后，应该出现哪个字或哪个词语，它会计算出所有可能的字或词语的概率分布。

例如你输入“玛丽有一只”这 5 个字，它就会计算出接下来出现“小”这个字的概率是 50%，出现“可爱的”这个词语的概率是 20%，出现“红色”这个词语的概率是 10%。当它从这些可能性当中选择了“小”这个字之后，“玛丽有一只小”这 6 个字又会重复这个接龙的过程，让大语言模型猜这 6 个字后面的字或词语。这样不断循环，就生成了更长、更多的文本。

玛丽有一只 → 大语言模型 →

下一个字或词语	概率
红色	0.1
小	0.5
可爱的	0.2
……	……

玛丽有一只小 → 大语言模型 →

下一个字或词语	概率
老鼠	0.2
羊羔	0.3
狗	0.1
……	……

现在，其实你完全可以做出判断：大语言模型并不真正“知道”任何事情，因为从根本上说，它所做的只是序列预测。它并不知道“第一个改进白炽灯的人是爱迪生”，它仅仅知道在“第一个改进白炽灯的人是谁”这一文本序列后面最可能接的是“爱

迪生”。它非常擅长玩词语接龙的游戏，给你的回答只是一个词语的组合，它并不理解其中的意思，也可以说，它“吐字不吐知识”！

一本《现代汉语词典》有69000多个词语。据统计，常用的汉语词语（包括两个字、三个字、四个字和五个字的）有大约56000个，这个数量实在太大了！那你可能要问，既然有这么多的选择，那谁会排在词语接龙的第一个，谁会排在第二个？这样的概率是怎样计算出来的呢？

这就是大语言模型最具含金量的武器，也是生成式人工智能的核心，我们接下来会在第5章、第6章依次展开来讨论。但现在，我要给你一个简单的答案：概率是通过机器学习，在庞大的数据集上训练出来的。这个数据量有多庞大呢？通常以“太字节（TB）”为单位。如果你要理解这个单位，可以读一读《给孩子讲大数据》那本书。用来训练的数据可能包括：古今中外有名的图书，包括各种各样的百科全书；有权威性、影响力的报纸、杂志、网站，包括著名的在线百科；等等。大语言模型扫描、统计、分析了这些图书、报纸、杂志、网站中几十亿甚至上百亿个句子，然后对这些句子中各个词语出现的次数、出现的位置、相互的关系做了统计，按照它们的分布自动形成了一个人工智能的模型。这个模型有几千亿个参数，当你输入任何词语或句子，这个人工智能的模型就会根据你的输入调整这些参数，给你生成一个最合适的词语接龙！

如果你认为这个过程还有点儿抽象，那我们再来打个比方。你还记得吗，我在《给孩子讲人工智能》那本书里告诉过你，人工智能最大的技能就是查表。现在你可以想象一下：你的面前有一张非常大的表格，这张表格列出了所有字词不同序列的组合，以及这些组合之后的下一个字或词语出现的概率。我们有了这张表之后，输入任何字词，大语言模型都可以在这张表里找出与它最匹配的序列，并预测出后面最常见的一个字或词语。当然，真实的大语言模型比这张表格还要复杂很多，因为它涉及上百万个字词组成的序列、上下文关系等复杂的情况。

要创建如此巨大的表格，处理如此复杂的关系，它使用了很多尖端的人工智能技术。

那它究竟使用了哪些技术呢？下面这张示意图表明了生成式人工智能在人工智能技术谱系中的位置。你可以清楚地看到，它使用了监督学习和深度学习的方法和技术。监督学习和深度学习都属于机器学习的大范畴。等你读完下一章，可以得心应手地使用 ChatGPT 的时候，我就要对这些技术一一进行详细的拆解和讨论，让你看清楚大语言模型发展的来龙去脉和它背后基本的原理。

生成式人工智能使用的技术

现在你明白了，大语言模型的核心技能是词语接龙，这时候你可能又会产生一个新的问题：就靠词语接龙，

ChatGPT、DeepSeek 能够完成聊天儿、回答问题、写作文、写小说、写剧本、写报告、翻译等那么多任务吗？词语接龙有那么神吗？能做那么多事吗？

回答是肯定的！这个回答可能出乎你的意料，但人工智能专家已经证明，许多需要人工智能来完成的任务，其实都可以简化为：预测下一个字词的接龙游戏，即生成新的文字序列。你认真地想想：就拿翻译来说，它也是输入一种语言的文字序列，生成另一种语言的文字序列。它和写作文的区别只不过是生成新序列的规则不同罢了！

简单地说，这些任务的本质都一样，就是生成！

但前提是，大语言模型的性能一定要足够强大，了解各种各样的规则！

在前面两章里，你已经了解大语言模型的性能是超级强大的。当然，它也不是一开始就这么强的，它需要训练。大语言模型表现出来的能力和训练数据集的大小差不多成正比，就是说训练数据越多，它的能力就会越强。但是，随着训练数据规模的扩大，达到一个临界点时，一种奇异的现象出现了：大语言模型的能力会突然跃升，不是均匀地增长，而是跨越性地、指数级地飞增，展现出非凡的、意想不到的能力，几乎可以用“神力”来形容！这对参与训练的科学家来说，既是一个意外，也是一个惊喜。他们对这种“神力”感到很惊讶，甚至发明了一个专门的新词“涌现（Emergence）”，来描绘这种现象，即新的能力像泉水、海水一样奔涌而来，让人接都接不住！

但想想也不奇怪，你可以用6个字概括这个过程，就是“从量变到质变”嘛！就像你玩游戏，开局是菜鸟，升级打怪，经过无数个日日夜夜，打得越多，装备越来越多，会的技巧越多，你就越强。然后，突然有一天你发现，终于把周围所有的人都打败了。

两件特别有意思的事

现在你已经理解大语言模型的基本原理了，但我还想强调两件特别有意思的事。

第一件有意思的事：大语言模型有时候会说胡话。

根据前文的解释，你已经明白了，词语接龙是有很多种可能的。所以，接龙的下一个字或词语并不一定总是选取概率最大的那个。这次运行选这个，下次运行就可能选另外一个，这也是大语言模型面对同一问题能提供不同答案的原因。不信你试试：即使你和你的同学面对面，同时使用 ChatGPT 或者 DeepSeek，同时问出一模一样的问题，它们给出的答案也可能是不一样的。如果你对它生成的这个答案不满意，只需要点击“重新生成”按钮，就可以立刻看到不同的答案。

这样做有几个好处：第一，可以让我们获得不同的回答，这可能会启发我们，让我们找到更理想的答案；第二，这种方式也有利于大语言模型自己的发展和成长。我们作为用户可以对这些不同的回答给出反馈，即打分，选出我们认为最好的，等到大语言模型下一次回答时，就会回答得更加准确。这也是机器学习或者说机器训练的过程。

但这种基于概率的选择有时候也会带来问题，你会发现大语言模型在一本正经地胡说八道，人工智能科学家把这种说胡话的现象称为大语言模型的“幻觉”。

下面就是我在使用ChatGPT过程当中经历的一次“幻觉”：

ChatGPT

ZI You

阿里巴巴的联合创始人都有谁?

Chat ChatGPT

阿里巴巴的联合创始人包括马云和其他17位成员。这些成员大多是马云的朋友和前同事，他们在1999年共同创立了阿里巴巴。他们是：马云、孙彤宇、金建杭、蔡崇信、吴泳铭、沈国军、李旭辉、麻长炜、韩敏、谢世煌、戴珊、金媛影、蒋芳、周悦虹、师昱峰、彭蕾、张瑛。他们各自在阿里巴巴集团的不同阶段扮演了重要角色，共同推动了公司的发展和成功。

基本正确，但细节有诸多错误

接下页▼

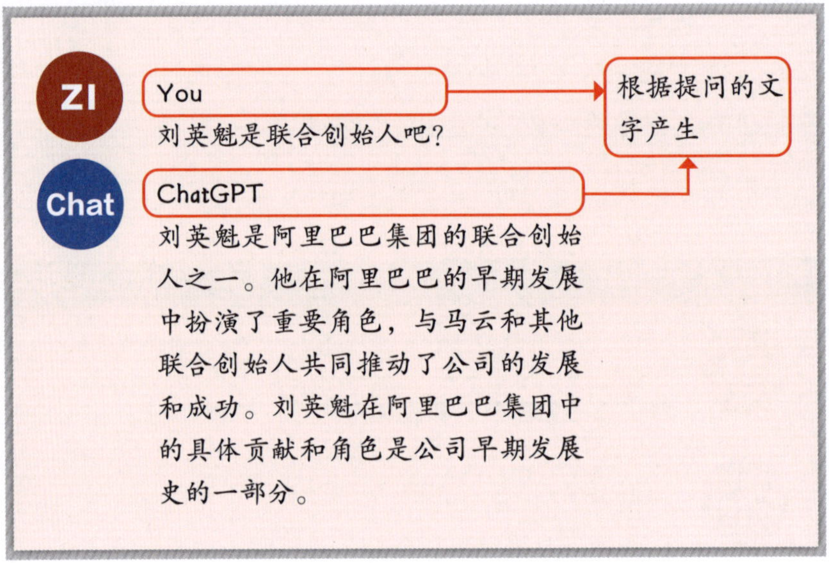

ChatGPT 这次毫无疑问在说胡话：沈国军、李旭晖根本不是阿里巴巴的联合创始人。在我提问“刘英魁是联合创始人吧”后，ChatGPT 默认我的提示词是正确的，并根据它生成下一段文本，其实 ChatGPT 又错了，刘英魁不是阿里巴巴的联合创始人。

也就是说，ChatGPT 之所以会说胡话，主要是因为预测的随机性。事实上，ChatGPT 内部有一个参数专门控制这种因为概率而变化的随机性，它叫 temperature（温度），参数值的范围是 0—2。就像机器上面的旋钮，如果你希望生成的文本更加随机、更加创新、更加天马行空，那么就可以把 temperature 的值调大一点儿；如果你希望生成的文本更加准确、更加稳定、更加中规中矩，可以把 temperature 的值调小一点儿。如果有机会可以试试的话，你会发现，当把 temperature 这个参数调到非常高，接近于 2 的时候，ChatGPT 的回答会变得混乱，甚至无法组成完整的句子，就好像人发烧时说的胡话。当然，这也是一种“幻觉”，只不过这个幻觉是我们人为设置的。

第二件有意思的事：现在正在出现一个新的、专门向大语言模型提问的工作岗位。

你要问大语言模型一个问题，可能有千百种不同的问法。大语言模型是根据你提问使用的词语来生成一个完整的句子，然后再根据这个句子生成下一个句子的。所以，聪明地选择提问的词语将会提高大语言模型回答问题的准确度、生成文本的质量，即初始提示词很重要！

重要到什么程度呢？这催生了一种全新的叫“提示工程”的人工智能研究，英文叫“Prompt Engineering”。无论在美国，还是在中国，现在已有公司开始设置这个叫提示词工程师的岗位，开始招聘擅长写提示词的人才。你可以想象，这个岗位的工作人员每天的工作就是和大模型聊天儿，目的是让它生成优质的答案——文本、图片，甚至视频！

当然，他要问的问题可能很复杂、很专业，很可能需要把复杂的大任务进行拆分，分成很多个小问题，然后用最精确的、对大模型最友好的语言一步一步提问，以便获得最准确、最精彩的回答，然后把这些答案组合起来。就是会拆分，会聊天儿，会提问嘛！对不对？你说这份工作会有多难呢？

一个好的提示词就像“咒语”一样，让大模型俯首听命，生成我们想要的结果。已经有人调侃说，大模型什么都会，什么都可以帮我们做，以后上学不用教别的，就教我们怎样写“咒语”就行了。但我预测，这个专门写“咒语”的岗位好日子不会长，很快会消失在不远的将来。为什么呢？因为今后人人都需要掌握这项技能，人人都要会写“咒语”！这就好像计算机刚刚普及的时候，打字员是一个独立的工作岗位，但今天专门的打字员已经消失了，打字变成了几乎人人都掌握的一项基本技能。

4 学写“大模型咒语”

上一章我们讲到，提示词会影响ChatGPT、DeepSeek等大模型的回答。同样一个工具，有的人用它写作文，写出了精彩绝伦的佳作，而有的人只能写出平淡的八股文。莫不是这人工智能也看人下菜碟？

其实不是的，原因很简单，你还不是一个好的“魔法师”，耍不出太炫酷的魔法。正如小时候的哈利·波特，大模型就是他手中的魔杖。魔杖具备无限的能力和潜力，但小哈利·波特不会用，只能干着急。有的同学想让大模型帮助他解答作业中的数学难题，有的同学想让大模型帮他生成一张图片，但因为缺乏提问的技巧，始终得不到正确的答案或理想的图片。特别是很多刚刚开始使用大模型的同学，都希望它能快点儿帮到他们，马上就帮到他们，但是很多时候还是因为不会提问，而得到一些无关紧要的回答。这时候你会觉得很失望，甚至开始怀疑，这个传说中的人工智能到底有没有那么聪明。

我亲身体验过，一组好的提示词，就像一句“咒语”一样，可以令大模型马上俯首听命，为你呈现出一道“知识大餐”。从某种角度上来说，大模型是你的聊天儿对手，它遇强则强，遇弱则弱。你要它强，必须自强，所以一定要懂得提问，掌握写提示词的技巧。

也就是说，要想成为一名好的“魔法师”，就要能找到、会撰写最管用的“大模型咒语”。下面就跟随我翻开《魔法宝典》，学学怎么尽快脱离菜鸟级“魔法师”的行列。

一句“好咒语”要有 4 个基本要素

根据我的经验，一句好的“大模型咒语”一般要包括下面 4 个要素。

《魔法宝典》之“好咒语”要素（一）——角色：定义大模型在对话中扮演的角色，它是老师、作家、翻译家、生物学家，还是其他角色？

《魔法宝典》之“好咒语”要素（二）——背景和任务：在向大模型明确提出它要完成的具体任务或目标之前，你要先介绍这个任务的背景，也就是具体目标的情境，或者说上下文。具体任务如果能用数字量化，就用数字量化。

《魔法宝典》之“好咒语”要素（三）——模态：指定所需的输出格式，你想要的是文本、列表、诗歌、图片、代码，还是其他什么模态？

《魔法宝典》之“好咒语”要素（四）——示例：提供示例，特别是当你想要的内容是一种特殊格式时，大模型可以根据这个示例来生成内容，更好地满足你的期待。

角色就是身份，每个身份的背后都有一套话语体系。如果你留意一下，就可以发现虽然都在医院工作，但医生和护士的话语体系很不一样。在学校里，虽然同为老师，但体育老师跟语文老师的话语体系截然不同，体育老师不会把成绩挂在嘴边，而语文老师却经常问学生课文背下来没有，错别字有几个。

角色非常重要，它决定了大模型接下来的话语体系。你可能已经在第 1 章观察到了，几乎在所有提问中，我做的第一件事就是定义大模型的角色。下面，我再举一个例子。在写作过程中，我想要把人工智能发展史上的重大事件列成一个表，于是让 DeepSeek 帮助我完成这个任务。在这个提示语里，我不仅定义了 DeepSeek 的角色和任务，还指明了模态：列表。而且我给出了具体的示例，并且量化了我的要求：10 项列表。

这段提示语包含了前面提到的 4 个要素，DeepSeek 生成的列表完全符合我的期待，我可以轻松地复制，直接使用。

DeepSeek

ZI

You

角色确定

你现在是一个人工智能专业的高级研究助理，在人工智能发展史上，有很多里程碑事件，我需要你生成一份里程碑事件的项目列表，列表中要提及每个里程碑的年份、事件，以及涉及的人物或团队。例如，你可以列出：1950 年，图灵发表论文《计算机器与智能》，介绍了图灵测试；1966年，第一个人工智能程序出现，名为ELIZA，它能够进行简单的对话；2006年，深度学习出现。请列举10项列表，并确保所有列表内容与人工智能发展史相关。

任务确定

模态确定

示例

量化要求

DS

DeepSeek

以下是人工智能发展史上的10个重要里程碑事件列表，涵盖从早期理论到最新进展的关键节点：

1. 1950年：图灵测试提出

事件：艾伦·图灵（Alan Turing，1921—1954）发表论文《计算机器与智能》（Computing Machinery and Intelligence），提出“图灵测试”作为衡量机器智能的标准。

个人：艾伦 · 图灵

2. 1956年：达特茅斯会议与AI诞生

事件：约翰·麦卡锡（John McCarthy，1927—2011）、

接下页▼

马文·明斯基（Marvin Minsky，1927—2016）、克劳德·香农（Claude Shannon，1916—2001）等人在达特茅斯学院组织会议，首次正式提出“人工智能（AI）”这一术语，标志着AI领域的诞生。
个人：约翰·麦卡锡、马文·明斯基、克劳德·香农等。

3. 1966年：第一个聊天儿机器人ELIZA
事件：约瑟夫·魏岑鲍姆（Joseph Weizenbaum，1923—2008）开发了ELIZA，这是第一个能够模拟人类对话的自然语言处理程序，采用了简单的模式匹配技术。
个人：约瑟夫·魏岑鲍姆

4. 1997年：IBM深蓝击败国际象棋世界冠军
事件：IBM的超级计算机深蓝（Deep Blue）击败国际象棋世界冠军加里·卡斯帕罗夫（Garry Kasparov，1963—），这是AI首次在复杂智力游戏中战胜人类顶尖选手。
团队：IBM Deep Blue。

5. 2011年：IBM Watson赢得《危险边缘》比赛
事件：IBM的Watson系统在电视问答节目《危险边缘》中击败人类冠军，展示了强大的自然语言理解和知识推理能力。
团队：IBM Watson。

接下页▼

6. 2012年 ：深度学习革命（AlexNet）

事件：由亚历克斯·克里泽夫斯基（Alex Krizhevsky）等人开发的AlexNet在ImageNet竞赛中大幅提升图像识别准确率，推动深度学习成为AI主流技术。

个人：亚历克斯·克里泽夫斯基等。

7. 2016年 ：AlphaGo击败围棋冠军

事件：DeepMind的AlphaGo以4:1击败世界围棋冠军李世石，展示了强化学习和深度神经网络在复杂策略游戏中的突破。

团队：DeepMind。

8. 2020年 ：GPT-3发布

事件：OpenAI发布GPT-3，这是一个拥有1750亿参数的大语言模型，能够生成高质量文本，推动自然语言处理技术的飞跃发展。

团队：OpenAI。

9. 2022年 ：ChatGPT引发AI普及浪潮

事件：OpenAI推出ChatGPT（基于GPT-3.5），迅速成为全球现象，使生成式AI进入大众视野，并推动AI应用的广泛落地。

团队：OpenAI。

10. 2025年 ：DeepSeek推动AI新突破

事件：深度求索（DeepSeek）推出新一代AI大模

接下页▼

型，在推理、代码生成和多模态理解等方面取得突破，成为全球AI领域的重要参与者。
团队：DeepSeek（深度求索公司）。

这份列表涵盖了AI发展史上的关键理论、技术突破和代表性应用，展示了从早期探索到现代AI的演进历程。如果需要进一步地扩展或调整，请告诉我！

3个高级的招数

上面讨论了一句“好咒语”的基本要素，掌握了这些要素，你就拥有了成为“魔法师”的基础。但这还不够，和大模型聊天儿，最好能使用它喜欢的、熟悉的“标记语言”。

标记语言是一种专门用于描述、展示、组织数据的计算机语言。它和编程语言不一样，编程语言是用来控制流程和逻辑运算的，而标记语言则是一种标签，它告诉大模型按照文本中不同的标记来处理我们输入的指令。Markdown 就是一种标记语言，适用于 ChatGPT、DeepSeek 等多种大语言模型。

下面，我们以 ChatGPT 为例，介绍 Markdown 这种标记语言中最管用的3个标记。如果你感兴趣的话，可以在网上了解、学习更多的标记语言。

《魔法宝典》之标记语言（一）：在提示词中，往往会有我们认为需要强调的重点，但是 ChatGPT 很可能没有领会其中的意思，不把它们当重点，忽视了它们，或者说对我们想要强调的重点关注得不够。这时候，我们可以用两个“**”来标记我们想要强调的重点词语。ChatGPT 一看就心领神会，会需要注意两个“**”之间的词语。

** 特别注意 **

《魔法宝典》之标记语言（二）：在我们和 ChatGPT 的对话过程中，使用的提示词一部分是“指令”，另一部分是“背景信息”，即上下文。标记语言也可以用两个“###”把背景信息标记出来，防止 ChatGPT 把它们搞混。这个方法在背景信息特别长的情况下非常有用。

\### 特别长的背景信息 ###

《魔法宝典》之标记语言（三）：有时候你的背景信息可能会分成几个大项，大项下面还有子项，这个时候你可以用列表的形式来组织你的信息。列表分为两种，一种叫有序列表，就是各个子项有先后顺序。例如做一件事情的步骤，可以使用数字序号“1、2、3、4……”列出它们的顺序。这样，步骤会更清晰，ChatGPT 可以一步步去做。而如果一个列表没有先后顺序，只是列出一些需要注意的事项，那就是无序列表，无序列表的标志是“-”。

对于一些难度很高的任务，如果我们希望 ChatGPT 的回答精彩，达到专业水平，就要使用标记语言，并提出详细的要求。

我们不妨以诗歌翻译为例，之所以选择诗歌翻译作为例子，是因为这是一件极为困难的事。诗歌中包含了丰富的文化信息和历史背景，蕴含着微妙的、丰富的情感，还有语言上的韵律与节奏。要把它翻译成一流的作品，就好像把一株植物从一个自然环境移栽到另外一个自然环境里，是极具挑战的。这一点相信大家在之前看 ChatGPT 翻译郭沫若的诗时，就可以感受到。

当然，如果对翻译的要求不高，你可以只对 ChatGPT 说“请把下面的文本翻译成中文”。但如果希望 ChatGPT 能翻译出精彩的作品，你就要提出具体的要求了。

怎样提出具体的要求呢？这里我想教你一个非常有用的技巧，就是让 ChatGPT 自己对自己提出要求。还能这么玩？对！请看下面这则对话。

ChatGPT

ZI You

假设你是一位世界级的翻译家，精通中文和英文，请告诉我，对于诗歌来说，什么样的翻译是最好的？请列出5个因素，并简单说明其中的原因。

Chat ChatGPT

对于诗歌翻译而言，最好的翻译不仅要忠实于原诗的意思，还要尽可能保留原诗的韵律、情感、象征意义以及文化背景。以下是5个关键因素，它们共同构成了高质量诗歌翻译的基础。

接下页▼

1. 忠实性

原因：翻译必须尽可能忠实于原诗的意思和情感。这是基础，确保读者能够接触到诗人原本想要传达的信息和情感。

2. 美感与韵律

原因：诗歌的韵律和节奏是其美感的重要组成部分。翻译时应努力保留原诗的音乐性，即使在不同语言中，也应寻找相似的韵律和节奏，以重现原诗的美学特征。

3. 文化敏感性

原因：诗歌往往蕴含深厚的文化背景和象征意义。优秀的翻译能够传达这些文化元素，即使在不同的文化背景下，读者也能理解和欣赏诗歌的深层意义。

4. 创造性

原因：由于语言之间的结构和表达方式的差异，直译往往难以完全展现原诗的魅力。因此，翻译家需要具备创造性，以新颖而恰当的方式重新构造诗歌，既保持原意，又符合目标语言的表达习惯。

5. 情感共鸣

原因：诗歌的核心在于情感的传达。翻译家需要深入理解原诗的情感，并通过翻译工作，使这种情感跨越语言的障碍，触动读者的心弦。

接下页▼

综上所述，最佳的诗歌翻译是一种艺术与技巧的结合。它既要忠实于原诗，又要在新的语言环境中重新创作出具有相同情感力量和美学价值的作品。这需要翻译家不仅精通两种语言，还要具备深厚的文化理解力和创造力。

ZI

You

假设你是一位世界级的翻译家，精通中文和英文，请将下面的“诗歌文本”翻译成中文。

诗歌文本：

→ 标明背景信息

Street in Heaven

Blink, blink,
Street lamps bat their eyes:
So many flickering stars!
High up in the sky
They look like street lamps
All newly lit.

Up in the blue, high in the air
There must be a street fair
With all the exquisite treasures
Earth never knows.

接下页

But that shallow Milky Way
Cannot be very wide,
Or the Girl Weaver star
Could never meet her Cowherd
Riding along the other shore.

They're wandering up there
Right now, aren't they,
Up in the streets of Heaven?
Aren't they?
Just look at that shooting star:
I'm afraid,
It's their lantern,
Held in their hand
As they go strolling side by side.

→ 标明背景信息

在翻译这首诗时，你不仅要忠实于原诗的意思，还要尽可能保留原诗的**韵律**、**情感**、象征意义及文化背景，并遵守以下5个要求。

标明重点强调

-忠实性 → 标明无序列表

原因：翻译必须尽可能忠实于原诗的意思和情感。这是基础，确保读者能够接触到诗人原本想要传达的信息和情感。

接下页▼

-美感与韵律

原因：诗歌的韵律和节奏是其美感的重要组成部分。翻译时应努力保留原诗的音乐性，即使在不同语言中，也应寻找相似的韵律和节奏，以重现原诗的美学特征。

-文化敏感性

原因：诗歌往往蕴含深厚的文化背景和象征意义。优秀的翻译能够展现这些文化元素，即使在不同的文化背景下，读者也能理解和欣赏诗歌的深层意义。

-创造性

原因：由于语言之间的结构和表达方式的差异，直译往往难以完全传达原诗的魅力。因此，翻译家需要具备创造性，以新颖而恰当的方式重新构造诗歌，既保持原意，又符合目标语言的表达习惯。

-情感共鸣

原因：诗歌的核心在于情感的传达。翻译家需要深入理解原诗的情感，并通过翻译工作，使这种情感跨越语言的障碍，触动读者的心弦。

Chat

ChatGPT
天国的街道

闪烁，闪烁，
街灯眨动它们的眼睛：

接下页▼

如此众多闪烁的星辰!
高挂天际,
它们似是街灯,
全新点亮。

在那高远蓝天之上,
定是一场天街的集市,
拥有所有精美绝伦的珍宝,
是尘世所未曾知晓。

但那浅浅的银河,
绝不能太宽广,
否则织女
岂能遇见她的牛郎,
在那彼岸一同徜徉。

他们正在那里漫步,
现在,不是吗,
在天国的街道上?
不是吗?
只看那颗流落的星:
我担忧,
那是他们手中的灯笼,
随着他们并肩散步的光芒。

在翻译这首诗时,我努力遵循上述的5个要求,以确保翻译工作不仅忠实于原诗的意思和情感,同时也能

接下页▼

> 尽可能地保留原诗的韵律、美感，以及深厚的文化背景和象征意义。通过创造性的重构和深刻的情感共鸣，这个翻译旨在为读者提供一个跨越语言和文化障碍的桥梁，使他们能够深切体会到原诗中所蕴含的美和情感。

如果你认真对比一下前后版本，会发现这次的翻译有明显的不同，应该说它在给自己提出的 5 个要求方面做得更加到位。除了标记语言的使用，我希望你还能从这个例子中学到至少 3 个小妙招儿。

《魔法宝典》之小妙招儿（一）：我们可以先问 ChatGPT，一件事情的理想状态应该是怎样的？然后再用它的回答来要求它自己按这个标准，完成这件具体的事情。我还可以分享一个自己常用的招数：有时候我想把一个任务完成得更好，就会问

一个其他大语言模型应用，例如百度的文心一言，然后用它的回答作为给 ChatGPT 的要求，我管这招叫“借力打力”。

《魔法宝典》之小妙招儿（二）：面对一个复杂的任务，可以进行分步实施。上面我先问 ChatGPT 好的诗歌翻译有哪些标准，然后再来使用这个标准。这就是分步，也就是把一个大的问题拆分成好几个小问题，一个一个地问。目前有专家通过研究已经证明，把大问题分解为一系列的小问题来问，会提高大语言模型的逻辑推理能力。例如，他们经过验证发现，在指令前加上“让我们一步一步解决这个问题”，便将 ChatGPT 在一个数学题库上答题的正确率从 18% 提高到了 92.5%，是原来的好几倍。

“让我们一步一步解决这个问题”，记住这个管用的“咒语”哟，特别是让大语言模型做数学大题、难题的时候。

《魔法宝典》之小妙招儿（三）：你可以把得到的提示词作为一个模板保存下来，下次要翻译诗歌的时候，直接调用就行了。读到这里，你可能已经意识到了一个问题，好的提示词可以重复使用。程序员常说“不要重复发明轮子”。好的“魔法师”要善于站在巨人的肩膀上。无数人在使用 ChatGPT，他们积累了丰富的经验，我们完全可以借鉴别人已经编写、使用过的优质提示词，这也是借力。

要借到优质好力，你还要知道一个叫“插件”的新东西。这可是能让魔法变得更加厉害的好东西，你千万不能错过。

什么叫插件？大语言模型很聪明，可以回答我们的问题。然而目前很多大语言模型在操作上有很多限制，比如说它不能获得实时的信息，也不能执行具体的操作。这时候插件就派上用场了。插件就好像是聊天儿机器人的工具箱，里面有各种各样的工具。例如你要 DeepSeek 帮你订一张高铁票，只要连接了订票插件，DeepSeek 就可以帮你到订票系统去下单完成这个任务。简单地说，插件的作用就是扩展 DeepSeek 的功能，让它不仅

能和你聊天儿，还能帮你做更具体的事，完成 DeepSeek 本身完成不了的任务。世界上有很多开发者，他们在日夜不停地为 DeepSeek 开发不同功能的插件。

有一个专门的提示词插件叫“AIPRM”，它在全世界有数百万用户，非常好用。只要你安装它，就可以看到别人已经编写、使用过的各式各样的提示词模板。在这个插件上，有人把用过的、好用的提示词分类组织了起来，还列明了提示词的上传时间、浏览量、评论量、点赞量等。你可以搜索自己想要的提示词，然后使用就行了。如果找不到提示词，你也可以通过插件界面快速地定制一个。当然，你还可以分享自己写过的提示词，让别人使用你的提示词。

类似的插件有很多。总结一下第三招：安装插件。使用插件，你就可以大大提高自己撰写提示词的效率，也能扩大大语言模型的现有功能。

好了，掌握了这些技能，你基本上算是一名合格的“魔法师”了。小哈利 · 波特已经开始了神奇的魔法之旅，让我们一起挥动手中的魔杖，看看大模型会带给我们怎样的惊喜。

5 词语接龙怎样预测

我们在第 3 章探讨了生成式人工智能，指出大语言模型的核心技能是通过类似“词语接龙”游戏的方式不断生成新的文本。而生成新文本的根据，是下一个字或词语在人类公共文本语料库中、在相似情况下出现的概率，即可能性。可是，世界上文字组合的可能性实在太多了，大语言模型是如何像大海捞针一样将它们一个个地找出来的呢？

如果说大语言模型是一个谜，那词语接龙的预测应该就是谜中之谜了！

可是我们要真正理解大语言模型的原理，就要正面解开这个谜中之谜。事实上，早在 20 世纪 50 年代就有人想解开这个谜。英国语言学家约翰·鲁珀特·弗思（John Rupert Firth，1890—1960）在研究了一辈子语言之后，提出了一个观点：我们在和人打交道的过程中，会发现我们可以通过观察这个人交往的朋友的品性，来判断这个人的品性。这和“孟母三迁”有异曲同工之妙，对不对？孟母三迁，就是为了给孟子寻找一个良好的成长环境。孟子儿时家住在墓地旁边，因此他模仿起了丧葬活动。孟母认为这不是对孟子成长有益的环境，于是他们搬到了集市旁边，孟子学起了商贾做买卖。孟母认为这也不是对孟子成长有益的环境，于是他们搬到了学堂旁边，孟子开始模仿学堂里的礼仪举止。孟母认为这才是对孟子成长有益的环境。

弗思认为词语也一样，可以“观其词伴，则知其意”。什么意思呢？一个词语 A，如果经常和一些词语同时出现，而另一个词语 B，也经常和这些词语同时出现，那我们就可以判断：A 和 B 这两个词语的语义是相似的。换句话说，语义相似的词语会出现在相似的语境当中。还可以推论，拥有相似上下文的词语，它们的语义也相似，甚至可以说一个词语的语义，就是由其上下文决定的。

用人工智能的专业术语来说，就是：一个词语的特征可以由和它经常共现的词语来表示。

这个观点就是分布假说（Distributional Hypothesis），就是说词语在文本空间中的分布是有规律的。这个假说暗含着弗思没有明说的一种可能性，那就是：如果掌握了词语分布的规律，那我们就可以对某个具体位置的词语进行预测。分布假说的提出，也成了后世一门新学科“计算语言学”的重要基础。之所以称之为“假说”，是因为我们没有办法列举出世界上所有的语言环境及所有的词语，然后逐一论证。

虽然没有办法完全证明，但我们在日常读书、写作时确实很容易发现，两个词语在语义上越相似，它们就越容易出现在相似的语言环境中。这一点很好理解，语言学家经过有限的统计也发现：语义相似的词语在文档当中出现的次数、出现的位置确实会很相似，文档就是我们的文本空间，即它们在文本空间中的分布很相似。

举个例子，比如下面两句话：

我喜欢喝苹果汁。

我喜欢喝橙子汁。

在这两个句子中，伴随着“苹果”和“橙子”出现的所有词语都一样，那我们就可以判断“苹果”和“橙子”这两个词语有相似的语义，而且，这两个词语在其他文档中的分布可能也会很相似。

为了让你体会到一段话的语言环境究竟会怎样限制后来的词语，我们现在来玩一个更复杂一点儿的文字游戏，比如让你给下面这个句子接龙：

“我想喝杯……”

这 4 个字组成的句子“我 / 想 / 喝 / 杯 /”没有说完，那接下来可能出现哪个字或词语呢？根据我们的生活经验，接下来的这个字或词语有可能是“水、酒、热水、白开水、白酒、葡萄酒、鸡尾酒、饮料、果汁、苹果汁”中的任何一个。这些字或词语出现的概率都很大，而且很难说哪个最大，但出现“油、醋、米、酒精”这些字或词语的概率就很小。

“我 / 想 / 喝 / 杯 /”这 4 个字就是情境，情境决定了哪些字或词语最有可能出现。

大家会根据爱好来决定要不要在一个朋友圈里交往。比如，你和朋友间的悄悄话，不会出现在老师和父母的朋友圈里，因为他们跟你们不在一个“情境”中，你们会屏蔽他们。

相同的道理，情境也会圈走自己喜欢的朋友。如果情境丰富一些，例如在“我 / 想 / 喝 / 杯 /”前面增加 3 个字“天气 / 热”，那在“我 / 想 / 喝 / 杯 /”后面出现“冰水、冷饮”的可能性就上升了，出现“热水”的可能性则大幅下降；如果在“我 / 想 / 喝 / 杯 /”前面增加的 2 个字是“好 / 渴”，那在“我 / 想 / 喝 / 杯 /”后面出现“水”的可能性就会大幅上升；如果在“我 / 想 / 喝 / 杯 /”前面增加的情境是“今天的菜太好吃了”，那在“我 / 想 / 喝 / 杯 /”后面出现“酒”这个字的可能性就上升了。

这些字和词语，在大语言模型中，有一个专门的名词来称呼——令牌（Token）。什么叫令牌？它来源于古代行军打仗时调动大军的重要凭据——虎符。在神话故事里，道长就是用令牌来发布号令、召神遣将、沟通鬼神的。

在大语言模型中，“令牌”就是那个可以调动下一个字词的凭证。在英文中，一个令牌可以是一个英文单词，也可以是单词的一部分，或者一个标点符号。在中文中，一个令牌可以是一个字，也可以是一个词语，或一个标点符号。ChatGPT 已经公布了它所有的英文令牌，到2024年年初，一共有100256个。关于 DeepSeek 的中文令牌的数量，目前我没有找到具体的数字，但前面我们讨论过，中文仅常用词语就有大约56000个，比英文多，所以可以肯定的是，中文的令牌也会比英文多。

令牌在大语言模型中是个很重要的概念，ChatGPT这个聊天儿机器人的收费标准，就是按令牌产生的个数来计算的。接下来，我们就要用“令牌”这个专有名词来代替“字”或“词语”了。

大语言模型的核心任务，就是给出一个上下文（令牌的组合），计算接下来在“令牌库”中每一个令牌出现的概率。注意，概率是指“令牌库”中所有令牌接龙时会出现的可能性。为了便于理解，我现在把前面两个情境的概率计算结果列成表格。

情境 1：我 / 想 / 喝 / 杯 / ……

下一个令牌出现的概率

令牌	概率
中国	0
北京	0
水	0.1
凉白开	0.05
冰水	0.04
酒	0.1
天空	0
人民	0
米	0
热水	0.1
……	……

这个表很长很长，包括了“令牌库”中所有的字和词语，也就是所有的令牌。如果是个英文情境，在英文中有 100256 个令牌，那这个表就有 100257 行。

在数学中，我们会用一种专门的形式来表达这个列表中所有的概率：{0，0，0.1，0.05，0.04，0.1，0，0，0，0.1，…}。我们称它为一个向量。当很多结构相同的向量排列在一起的时候，我们称它为向量空间。关于向量空间的计算要用到大学才会学到的线性代数知识，它超出了我们的讨论范围。但现在你可以把它理解为令牌之间的线性代数关系，是所有的令牌在文本空间中的一种复杂的高阶关系。

我们再来分析一下情境变丰富了的情况。

情境 2：天气 / 热，我 / 想 / 喝 / 杯 /……

下一个令牌出现的概率

令牌	概率
中国	0
北京	0
水	0.1
凉白开	0.2
冰水	0.3
酒	0
天空	0
人民	0
米	0
热水	0
……	……

这时候，对下一令牌向量的预测可以表达为：{0，0，0.1，0.2，0.3，0，0，0，0，0，…}。

每一个逗号分隔的数，都代表一个令牌出现的可能性，也称为维度。如果我们学习了线性代数，就知道向量和向量之间是可以计算的。当然，维度越多，计算就越复杂，计算的复杂程度会影响到训练大语言模型所花费的时间。正如你看到的，前面这些向量中有很多维度的值都是“0”，所以数学家会想办法把维度降下来，即降维处理，把十几万个维度降到几百个维度。

人工智能科学家通过扫描数以万计的文档，借由大语言模型经过前文介绍的分析和计算，就能够初步掌握一个令牌有哪些词伴，就是它经常和哪些令牌同时出现。而经常同时出现的令牌，它们在文本空间中的距离就比较近。什么是两个令牌的距离？要理解这个距离，你可以闭着眼睛想象一下，每一个字或词语都是一个令牌，它们都悬浮在你面前的空间中，那些经常做伴的令牌就会聚集在一起，它们之间的物理

距离比较近，而不常做伴的就会远远地分开。这有点儿像开大会，我们总是先找到朋友，然后在他身边坐下。如果是死敌，我们就会远远地避开。

为了更好地计算，人工智能科学家还做了一件事，他们把每句话中的每个令牌用一组数字替换。注意，一组数字即向量，就是把每个令牌都转换成一个向量，基本的转换原则是用相距较近的向量替换语义相似的令牌，用相距较远的向量替换语义不太相似的令牌。例如“热水”和“北京”会被替换为相距较远的向量，“中国”和“北京”会被替换为相距较近的向量，而“热”和“醋”则会被替换为相距较远的向量，“北京”和“天鹅”也会被替换为相距较远的向量。

简单地说，就是把那些在文本空间中语义相似的令牌映射到距离相近的向量之上。算法最后是根据两个向量之间的距离来识别两个令牌之间语义的相似度的，而不是去精确地匹配两个令牌中有没有一两个字相同。

对这些文字进行这样的替换之后，我们的大脑很难理解这些数字代表了什么，但它却更容易被计算机的模型分析和处理。现在，这些经过替换的文字已经是一串数字集，它们被输入机器学习的模型，用于分析和训练。

现在你继续大胆地想象，人工智能科学家能建立一个模型，这个模型自动处理了人类语言中所有的上下文，然后又对所有上下文的下一个令牌进行了概率的计算。这时候，无论你输入哪一组令牌，它都能为你接龙输出下一个令牌，然后这个新的令牌附上老的令牌，成为一组新的令牌，重新输入系统，它又产生一个新的令牌。如此循环，直到被喊停为止。这样一个模型就是我们现在的大语言模型。

现在你可以相信这种接龙预测在理论上是完全可行的，对不对？事实上，科学家已经相信，不仅接龙可以预测，这个接龙的逆向过程也是可以预测的，即你随意输入一个字或词语，人工智能的模型也能把这个字或词语可能出现的各种上下文情境给预测出来。现在合上书想一想，这种逆向过程的预测会有什么用呢？一个最大的可能是，你没有秘密了，一点儿蛛丝马迹就可能暴露你的真实意图。

接下来我们来看一下这个模型究竟是怎样训练出来的。也就是 GPT 这 3 个字母中的第 2 个字母“P”所代表的意思：预训练（Pre-trained）。

6 预训练

要理解大语言模型的训练过程，我们就要回到这张示意图，从最古老的机器学习方式“监督学习”开始。

生成式人工智能使用的技术

机器人怎样过马路：监督学习

不知道你有没有在酒店遇到过机器人？

假如你和你的家人去度假，住在酒店，就有可能会遇到这些可爱的机器人。

你们晚上点了一份外卖，外卖员发短信说外卖已经送到酒店大堂了，一会儿就会送上来。几分钟后，客房的门铃或电话响起，叫你开门。你打开房门，一个机器人“站”在门口，你在显示屏上点击按钮，就可以取出外卖，之后机器人便离开了。我在 2019 年第一次看到这样的机器人的时候，很是好奇，一直跟踪它到电梯，看它怎样乘电梯，怎样回“家”。现在类似的机器人越来越多，你在酒店大堂办理入住的时候，还可能看到它们在送外卖、打扫卫生。

我说的机器人，其实是个方头方脑的东西，其外形如上页图所示，好像也不是人形机器人的样子。当然，机器人也完全可以具备人形外观。不仅外观，它的声音和行为都可以模仿人类，这种机器人被称为人形机器人。我在《给孩子讲人工智能》那本书中讨论过，人形机器人有两个特点：一是可以像人类一样说话、思考和决策；二是和人一样会自主移动，即走路。一个健康有活力的人，必须能自由移动，机器人也必须像人一样会走路、移动，才会真正给我们带来人的感觉。

在 ChatGPT 出现之后，几乎所有的人都相信，ChatGPT 的智能已经可以充当机器人的大脑，它会思考、会决策。我们再通过语音合成技术把文字转成声音，它就可以用语音来和我们对话了。所以，人形机器人距离“人”只差一件事：自由地走路或移动！

已经有很多人预测，制造人形机器人将是人工智能的下一个热点。在 2025 年 1 月举行的国际消费电子展上，特斯拉开发的人形机器人“擎天柱”已经能够像人类一样走路，还可以自然转弯，并且能够从其他人手里接过鸡蛋，准确地传递出去。可别小看这个过程，因为鸡蛋很容易破，让机器人抓一个鸡蛋，和让机器人提一个大邮包，难度是完全不一样的。不久之后，在中央电视台春节联欢晚会上，来自宇树科技公司的人形机器人献上了一场精彩的舞蹈表演，向全世界展示了中国在机器人领域的创新突破。

现在，假设我们已经造出了一个高度智能的人形机器人，它可以在城市中行走，从你家走到学校，给你送忘记带的作业，给你送妈妈专门烹饪的营养午餐，或是给你送下午体育课要穿的球鞋。

从你家到学校的路况当然和从酒店的大堂到客房很不一样，因为路上有行人、有汽车，还有好多路口，有的路口有红绿灯，有的路口连红绿灯也没有。我们想要造出的机器人可以自由地走路或移动，就必须编写一个算法，让机器人可以自己过马路。现在让我们考虑最有挑战的那个场景：在没有红绿灯的街道或路口，机器人怎样过马路？你肯定有过很多次穿越这种路口的经历，我们会在大脑中问自己一系列问题，这些问题可以简化为“如果……那么……”的模式。例如：如果路口两侧一辆车也没有，那么过马路；如果路口两侧有车，但最靠近我们的那辆车离我们很远，而且开得很慢，那么过马路。

那怎样编写这个算法呢？计算机科学家想到的就是手动编写一个计算机程序，模拟人类过马路时的决策过程。请看这条指令：如果与路上离我们最近的汽车的距离小于 30 米，那么等待；如果大于 30 米，而且这辆汽车的速度小于 30 千米 / 时，那么过马路，否则等待。

这段指令模拟了我们的思考过程。现在停下来想想，你会发现它与你在过马路前一瞬间的实际思考是非常相似的。这条指令有两个条件需要输入：一是离我们最近的那辆汽车与我们的距离，二是那辆汽车的速度。这两个具体的数值都可以通过我们安装在机器人脑袋上的摄像头或雷达获取。

这些数值通过一系列“如果……那么……，否则……”的条件组合在一起，就像算法在模拟我们的思维过程。这个算法运行的时候，会对这些条件进行评估，当机器人与离它最近的汽车的距离小于 30 米时，就会得出结论：等待。

在 20 世纪 80 年代，人工智能界普遍认为，手动写下成千上万条规则的过程就是通往人工智能时代、制造机器人的必经之路。于是，人们聘请各个领域的专家，试图将他们在决策时候的思维过程提炼成一条又一条的规则。这就是我在《给孩子讲人工智能》这本书讲到的“专家系统”，它的领军人物是图灵奖的获得者爱德华·费根鲍姆（Edward Feigenbaum，1936— ），专家系统的出现推动了人类历史上第二次人工智能的发展热潮。

但只用了20年左右的时间，人们就发现这个方法是个“坑”，它的一个大问题是非常烦琐。我们想要机器执行任何一个任务都需要编写大量的规则，非常费时间。费根鲍姆带领团队开发第一个专家系统整整用了10年。除了费时间，当规则越来越多的时候，规则之间还会“打架”，自相矛盾，服从了这个，可能就破坏了另外一个。

还有另外一个问题，那就是有些直觉的东西很难描述成规则。比如，“好感”这个词就很难描述成规则，你无法确定到底是什么让你产生了好感，也许是某个动作、某件衣服，甚至只是因为某种朦胧的感觉，好感就产生了。事实上，我们也不可能把一切规则化，有些东西连语言都无法准确描述，何况是规则。即使对同一个规则，不同的专家也常常会产生分歧。例如，我们前面提到的规则“如果与路上最近的汽车的距离小于 30 米”，有的专家可能就会提出疑问：这个 30 米的标准是不是有点儿武断，为什么不是 29 米？ 28 米好像也行啊！

那究竟应该是多少米？

机器学习的出现，完美地解决了“究竟应该是多少米”这个问题。机器学习不用人逐一编写规则。要理解机器学习，我们必须改变思维的方式。让我们再来看看过马路算法的指令：如果与路上离我们最近的汽车的距离小于 30 米，那么等待；如果与路上离我们最近的汽车的距离大于 30 米，而且这辆汽车的速度小于 30 千米 / 时，那么过马路，否则等待。

现在，我们把这条指令写成一个模板：如果在第一个空白处输入的值 < 某个值，那么采取第一个行动；如果在第二个空白处输入的值 < 某个值，那么采取第二个行动，否则就采取第三个行动。

注意，这是一个算法的模板，而不是算法本身，因为它包含了必须填写的空白处。

机器学习的理念是，人类只设计算法的模板，但不决定模板中那些空白处中某个数值的大小，这个具体的数值将由计算机自动填写，就是要让计算机以某种聪明的方式自动确定那些值的大小。问题来了，计算机究竟怎样才能知道应该在第一个空白处填写“30 米”还是“29 米”呢？究竟哪个值才是最有用、最准确、最合理的呢？

答案是：记录和数据！假设我们在开发人形机器人之前，已经派出了另一个机器人蹲守在路口，它花了很长的时间观察了几千次行人过马路的情况，并记录了 3 种过马路的结果：“安全”“发生事故：受伤”和“发生事故：死亡”。假设这个机器人收集距离行人最近的汽车的数据如下表所示。

行人过马路时与汽车的距离情况统计

	汽车与行人的距离 / 米	汽车的时速 / 千米	结果
1	300	35	安全
2	330	60	安全
3	100	15	安全
4	8	32	发生事故：死亡
5	28	50	发生事故：受伤
6	25	30	发生事故：死亡
……	……	……	……
9999	150	50	安全

前页这张表格，用机器学习的术语来说，就是用于训练的数据集。每一行代表一个行人过马路时的环境（汽车与行人的距离和汽车的速度）和过马路的结果。当然，汽车与行人的距离和汽车的速度只是行人过马路时要考虑的最主要的两个因素，还有其他因素也不能忽视。比如路面的平整情况，有没有其他行人，有没有绿化带、行道树的影响，等等。所以，真正的训练数据必须要有成千上万行，也会有更多列参数来描述当时环境的具体情况，而不仅仅是汽车与行人的距离和它的速度。

现在，计算机使用这些数据来计算如何准确地填补模板中的空白。它会一个接一个地尝试所有可能的数值，通过不断地尝试找出最有效的组合，从而确定一个让所有人都安全过马路的数值。例如“如果行人与最近的汽车的距离小于28米，那么等待”这条规则可以挽救上述数据集中至少 2 个行人的生命，因此它就是一条好的规则。

机器可以在数据中自动找到答案，自动填补模板中空白处的值，所以我们说，机器可以学习了！这是个非常有意义的进步，意味着人类不必亲力亲为，去确定规则中的每一个细节，交给计算机就行了。费根鲍姆带领团队用了 10 年才开发出第一个专家系统，如果交给计算机，你想想可以节约下多少人力物力。

人工智能成功地避开了一个“大坑”。

现在，让我们用最简单的话来复述一下这个过程：算法工程师选择要使用的模板，然后运行算法自动扫描用于训练的数据集，为模板的空白处确定一个大小合适的值，这个模板也叫作“模型”。如果你和算法工程师打过交道，就会发现他们很少说自己在编程、写代码，他们总挂在嘴边的那个词语就是：建模。

当然，你可以把 “如果输入的值 < 某个值” 中的 “<” 变成 “>” 或 “≠”，还可以把输入一个具体的数值扩展到一组数值的加减乘除运算。这里面的变化就太多了，也将允许更复杂的规则。因为模型结构是相同的，算法除了填空之外没有其他自由，即使是最先进的机器学习技术，在原理上也是相似的。

相信你读到这里，已经注意到了一点，除了建模，机器学习的另一个关键是要为这项学习任务获得专门的、用于训练的数据集，而且这种数据是要有标记的。所谓有标记的数据，是指每个样本都必须标上正确的答案。例如在过马路的场景中，每条数据都标记了过马路的结果，即是“安全”“受伤”，还是“死亡”，并且结果必须是其中的一个。没有结果，机器就无法学习！

以后你还会知道，机器学习有很多个种类，我们以上讨论的通过有标记结果的数据来学习，是其中最传统的一种机器学习，叫“监督学习”。

监督学习意味着机器必须通过学习一长串带有正确答案的数据才能完成学习任务。这让我想起我参加过的那场人生中重要的考试——高考。班主任让我做了大量的高考真题，然后他把答案发下来，我自己对答案。通过学习这些带有答案的真题，我学会了怎样避开那些考试陷阱，各个科目的成绩都得到了提高，这不正是“监督学习”吗？

但在很多时候，获得有标记的数据是一项很难、很费时间的工作。就像前文我们讨论的过马路的场景，你必须坚持长期记录和分析，才能得到那些数据。正是因为这个过程烦琐，一些公司将其作为一项商业服务有偿提供。有的公司在非洲雇用很多人，对数据进行标记，因为那里的工资水平低，人工便宜。

现在，我们要想想这些问题：

大语言模型能不能用这种方法来学习？

它的训练数据来自哪里？

数据需不需要标记？

如果不需要标记，那又该怎么办呢？

用什么数据进行训练？

前文讨论了，如果要开展文本的监督学习，那必须有大量的标记数据，对于要预测下一个接龙词语的大语言模型来说，这个带标记的数据必须采用如下这种形式：

带标记的数据

情境令牌	预测下一个令牌	结果
我 / 想 / 喝 / 杯	酒	对
我 / 想 / 喝 / 杯	酒精	错
我 / 想 / 喝 / 杯	白开水	对
我 / 想 / 喝 / 杯	醋	错
……	……	……

很快你会发现，在现实生活中，我们是找不到这样的数据的！我们也无法像上一个机器人过马路的例子那样，通过记录每个行人过马路的情况来获得数据。毕竟，要获得行人过马路的数据，派一个机器人去记录就行了，而语言实在包罗万象，要把一句话接龙的正确结果和错误结果都列举出来，不可能啊！即使列出来，也是人为的，不代表真实世界发生过。总之，这件事从来没有人做过，而且怎样着手去做，也完全没有线索！ 那么到底如何才能找到训练数据呢？

聪明的科学家最后找到了一个办法！那就是借用书籍等文字载体。从古至今，许多文明

的很多语言都积累了大量的文字作品，存于各种各样的图书、报纸、杂志、网站等载体。其中包括亿万个句子，科学家可以对这些句子做一个巧妙的处理，然后用作训练数据！怎么处理呢？假设其中出现了一句这样的话——“中国的首都是北京。”，研究人员会把这句话自动拆分成5组数据，如下所示。

5组训练数据的拆分过程

组	输入令牌	输出令牌
1	中国	的
2	中国/的	首都
3	中国/的/首都	是
4	中国/的/首都/是	北京
5	中国/的/首都/是/北京	。

	输入令牌	输出令牌	结果
1	中国	的	对
2	中国/的	首都	对
3	中国/的/首都	是	对
4	中国/的/首都/是	北京	对
5	中国/的/首都/是/北京	。	对

做了一次这样的转换之后，我们就有了5组训练数据。现在你可以想象，如果我们对存于各种图书、报纸、杂志、网站等的文字作品中包含的句子进行类似这样的转换和处理，就可以轻松生成一个庞大的数据集了。我们就可以拥有几十

亿，甚至上百亿个句子，它们都是训练数据。因为标记是从数据中自动生成的，相当于从无标记的数据中免费创建了辅助的标记，这样的机器学习策略被称为“自监督学习”。

这种从图书、网站等之中把句子进行转换，自动生成训练数据的方法确实很便捷，但让人没想到的是，它也给大语言模型惹上了一大堆的官司。2023 年 9 月，美国有 17 名作家联合美国作家协会对 OpenAI 提起了集体诉讼，指控 OpenAI 没有经过他们同意，就把他们的作品用于开发 ChatGPT 的训练。他们在诉状中声明：每一个作家都应该有权决定自己的作品能不能用于人工智能的训练，何时用于人工智能的训练。如果他们决定授权，就应该得到适当的报酬。这听起来合情合理，对不对？ 2023 年 12 月，《纽约时报》也对 OpenAI 提起了相似的诉讼，指控 ChatGPT 在未经其许可的情况下使用了《纽约时报》的文章进行人工智能的训练。《纽约时报》要求 OpenAI 将其文章从训练数据集中删除。

2024 年 3 月，法国竞争管理总局向一家公司开出 2.5 亿欧元的大罚单，原因就是这家公司未经同意就使用了法国出版商和新闻机构的文本内容，用以训练公司的大语言模型——名叫

“Gemini（双子座）”的聊天儿机器人，法国竞争管理总局认为这违反了法国的知识产权法规。

如果其他国家跟进法国的判决，这个问题就大了！如果每个国家的政府都一一对此进行禁止，那你可以想象，新的大语言模型将缺少训练数据，或者类似 OpenAI、DeepSeek 的人工智能公司必须支付一笔庞大的版权费用来购买这些文本，新的大语言模型可能还未诞生，就已经被版权费给压垮了。目前这个问题在世界上还没有达成共识，成了笼罩在大语言模型之上的一个巨大阴影。

但不管怎么说，已经有许多文本被投入了大语言模型的训练。因为前面这个方法，研究人员可以在由无标记数据生成的训练数据上运行一个非常复杂的机器学习模型来让大模型学

习，这个过程被称为预训练。在此阶段，大语言模型被一遍又一遍地完善，最终的目标是，我们给它输入一组令牌，它就能像接龙一样生成一个又一个新的、符合我们期待的令牌，最终组成一句话或一段文字。

现在有了训练数据，如何训练出这个模型呢？这需要用到一种叫“深度学习”的技术，我在《给孩子讲人工智能》这本书中讲到了深度学习的来龙去脉，建议你找出来再温习一遍。简单地说，深度学习在监督学习的基础上又进了一步，监督学习是由人类工程师给机器提供模板，让机器自动确定模板中空白处的值，而深度学习是把确定模板的事也交给了机器，让机器在很多很多次的尝试之后，自动找到最有效的模板，然后再用监督学习的方法，给模板中的空白处找到具体的值。

你可能会扑哧一笑，这个机器人也太倒霉了，人类是不是太懒了，什么都不想干？其实，懒惰或者说想办法更省时省力，在某种程度上也推动了社会进步。人类的发展史就是通过不断地发明工具，让人类从沉重的体力劳动中解放出来的历史。人工智能的发展也遵循同样的原则：让人类从繁杂的脑力劳动中解放出来。

当然，人类不是真的袖手旁观了，在这个阶段，人类必

监督学习

深度学习

须配合大语言模型做好两件事：一是手动为数千个输入令牌标注预期的正确答案；二是根据大模型接龙的质量对不同答案进行打分和排序，然后将这两组数据输入模型再次学习，这个过程叫作监督微调（Supervised Fine-Tuning），是为了完善模型。

为什么要进行监督微调呢？有两大理由，一是大语言模型是基于概率构建的。很多人说大模型全知全能，确实是，但它同时又像一个小孩子，可能说出一些不礼貌、不周全甚至错误的话来。而对待小孩子，不仅要及时纠正他的错误，还要演示正确的做法。监督微调起的就是这样的关键作用。

再打个比方，我们要培养一个孩子，可以分以下两个阶段。第一阶段是大规模的自学阶段，自学 10000 本书，没有老师指导，这就好像预训练的过程。第二阶段是小规模的指导阶段，老师亲自给他讲解 10 本书，他靠这 10 本书，举一反三，纠正一些错误的态度和认识，过滤一些有害的语言，减少说胡话、说脏话的可能性。监督微调就相当于老师亲自讲解 10 本书产生的作用。

举一个简单的例子。假设社会上有一个人叫李大魁，他做的事情很有争议，有些人认为他十分令人尊敬，但有些人认为他应该受到谴责，还有很多人在网上公开骂他。假设我们现在输入一个提示词“李大魁是一个”，在微调之前，大语言模型可能会得到两个概率差不多的回答，一个是高度赞扬，另一个是极度批评和贬低。记得吗？我说过，ChatGPT 和 DeepSeek 并不能真正理解语言的意思，其实我们真正问的是这个问题：考虑到人类语言庞大的公共语料库中词语的统计分布，哪些词语最有可能出现在“李大魁是一个”这 6 个字序列的后面？这个词有可能是“慈善家”，也可能是“大坏蛋”。但很多时候，我们希望自己的模型是中立的，不希望出现类似“大坏蛋”这样的骂人的话。有人喜欢他，有人讨厌他，ChatGPT 或 DeepSeek 可以告诉我们他是一个“有争议的慈善家”。为了实现这个转变，大语言模型的开发者雇用了一些人来提供专门的数据集，这些数据是有偏向的，即偏向中立。或者让一些志愿者来给大语言模型的答案打分，通过给“大坏蛋”这样的回答打低分来影响模型的偏向。随着时间的推移，在大量评分者的

影响下，“大坏蛋”这种词语出现的可能性就会越来越低了。

微调是一种特别有效的技术。今天各大公司开发的大语言模型，很少有训练后不经进一步微调就直接使用的情况。这种机器学习的本质当然还是监督学习，但因为它的特殊性，又被称为“人类反馈强化学习（Reinforcement Learning from Human Feedback，RLHF）”。

为什么有那么多不同的大模型？

前文提到过，在 ChatGPT 出现之后，就像寒武纪生命大爆发后一样，出现了很多很多的大语言模型，苹果、微软、阿里巴巴、百度等科技公司都开发了自己的品牌的大语言模型。在中国，到 2024 年 3 月就出现了 300 多个大语言模型，是不是有点儿百花齐放的感觉？

我要告诉你的是，这就是要进行监督微调的第二大理由——从通用型的模型上微调出专业的、细分领域使用的模型。

我们通过书籍、报纸、杂志、网站等获得文档，建立起

来的毕竟只是通用型的模型，用来进行一般对话是可以的，但想让它跟专家对话，就有点儿力不从心了。机器人表现出来的是通用的知识和智慧，如果我们要把它应用到一些专业领域，例如医疗、教育、金融，那我们必须让它再学习一点儿专业知识，即补几门专业课。再打个比方，我们从小学到高中的教育，甚至大学本科的教育大多是通识教育，就是打基础的，大家要学的课程都是差不多的。一个浙江的初中生和一个湖北的初中生，要学的东西没有太大的差别，等到了研究生阶段，要学的东西就大为不同了。这个阶段上的几乎全是专业课，你可以把这个上专业课的过程理解为监督微调。

监督微调还带来一个好处，那就是大幅降低了前期开发的成本。我们知道，训练一个大语言模型是非常花钱的事。幸运的是，有了监督微调，很多公司只需要花很少的钱就可以调整现有的基础模型——也就是那些已经经过预训练的大语言模型，从而开发出自己的版本，满足一个细分行业或是专业领域的需求。例如，某一科技公司开发的大语言模型叫Llama，这个叫 Llama 的大语言模型已经开源，免费提供给全世界用户使用。公司在对 Llama 进行专门的监督微调之后，生成了一个叫 Code Llama 的大语言模型，专门生成软件大语言模型和代码。又比如，英伟达推出了一个大语言模型叫BioBER T，它也是在一个基础模型上经过了生物医学专家的监督微调后，专门用于医疗行业，特别擅长理解生物学文献、从医学文档中提取信息。

现在，你已经了解了大语言模型的出现经过了两次训练：一是预训练，这个过程用到了监督学习，目的是把大语言模型变成一个聪明的小孩儿；二是监督微调，它本质上也是一个监督学习的过程，目的是让这个聪明的小孩儿变得更礼貌、更规范、更专业。

但我们留了一点儿内容，打算放在本书的最后一章介绍，那就是科学家在预训练期间陷入了泥潭。要知道，在 2017 年以前，几乎所有人工智能科学家都认为，仅仅依靠传统的深度学习还是不可能建成好的大语言模型。他们发现，虽然确实建成了大语言模型，这个模型也确实能不断生成新的令牌，但生成的令牌不能太多，因为一多就会跑题，说着说着就风马牛不相及了。而且还有一个问题，就是生成令牌的速度太慢，甚至要以几小时和几天来计算，这样的大语言模型谁会有耐心去用呢?

但到了2017年之后，人工智能科学家突然有了信心，人类完全有可能设计出一个好的大语言模型。2017年究竟发生了什么?

这一年，有8个年轻人提出了一个新的算法架构，这个架构改变了整个行业，甚至可以说，它按下了大语言模型时代的加速按钮，引发了人工智能领域的第四轮高潮。今天我们回头看，这个新架构才是梦真正开始的地方。

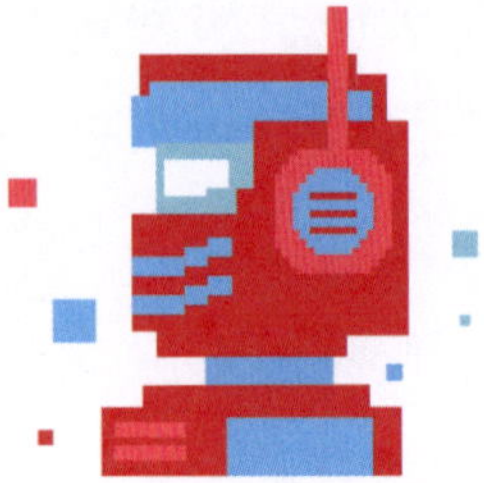

7 “变形金刚”：梦真正开始的地方

“金刚八子”改变世界

这个新的架构叫 Transformer，也是 GPT 这 3 个字母中第 3 个字母“T”所代表的单词。这个单词有点儿难翻译，是“转换器”的意思。而 GPT 这 3 个字母所代表的 3 个单词连在一起，就是“生成式预训练转换器”——你读着肯定觉得拗口。对，确实拗口，但恰恰是这个拗口的转换器代表了大语言模型技术框架中最闪亮的一个创新，这也是大语言模型能够成为史诗级产品的核心原因。

由于这个转换器非常强大，我称它为“变形金刚”。一开始，转换器仅仅用于处理文本的大语言模型，慢慢地它展现出了超越处理文本的能力，在图像、视频和音频的处理上都大放异彩，带来了意外的惊喜和深远的影响。

如果说，大语言模型是一场席卷整个人工智能行业的风暴，那么转换器就是那只扇动翅膀引发风暴的美丽蝴蝶。根据蝴蝶效应的理论，一只南美洲亚马孙河流域热带雨林中的蝴蝶，偶尔扇动几下翅膀，可以在两周以后引起美国得克萨斯州的一场龙卷风。现在这场龙卷风出现在了人工智能领域。

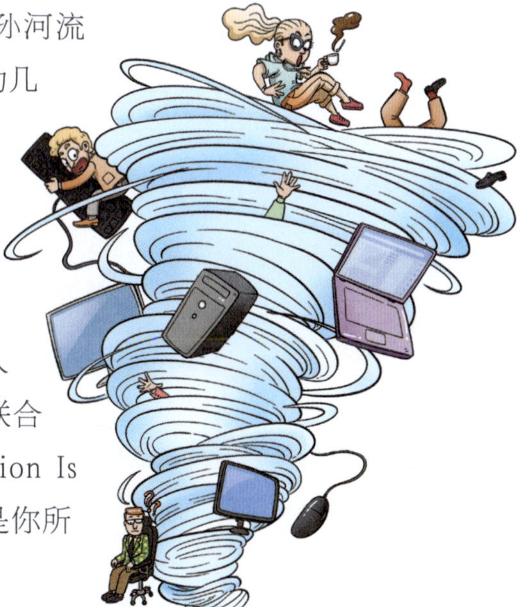

2017 年 6 月 12 日，一个人工智能研究团队的 8 个年轻人联合署名发表了一篇论文“Attention Is All You Need”（《注意力才是你所需要的一切》），大名

鼎鼎的转换器就此横空出世。后面有这篇论文的首页及每位作者的简介，我称这 8 位作者为“金刚八子”。你可以看到，这篇论文是一个团队合作的结果，但“金刚八子”在出生地和教育背景上有很大的不同。这告诉我们，今天的科研和创新需要的是全球人才的合作，中国要成为全球的创新策源地，就要吸引全球的人才。人才是流动的，“金刚八子”都曾在同一家人工智能公司工作过，现在又全部离开，目前除了卢卡什·凯泽（Lukasz Kaiser）在 OpenAI 担任研究员之外，其他 7 个人都创办了自己的人工智能公司，成了备受关注的行业弄潮儿。

我在《给孩子讲大数据》那本书中说过，硅谷之所以被称为硅谷，与 1957 年创立的仙童半导体公司息息相关。这个公司培养了很多研发半导体芯片的人才，这些人才如天女散花般成立了数以百计的芯片公司。今天的硅谷，又在演绎类似的故事，数以百计的新人工智能公司正在成立。你拉长历史来看就会发现，历史不会一模一样地重复，但它确实会押韵，生生不息的创新就是历史的韵脚。

但伟大的转换器在第一次被提出的时候，没有鲜花和掌声，相反，还有点儿静悄悄、被冷落、被忽视的感觉。“Attention Is All You Need”这篇论文正式发表在神经信息处理系统大会（Conference on Neural Information Processing Systems,

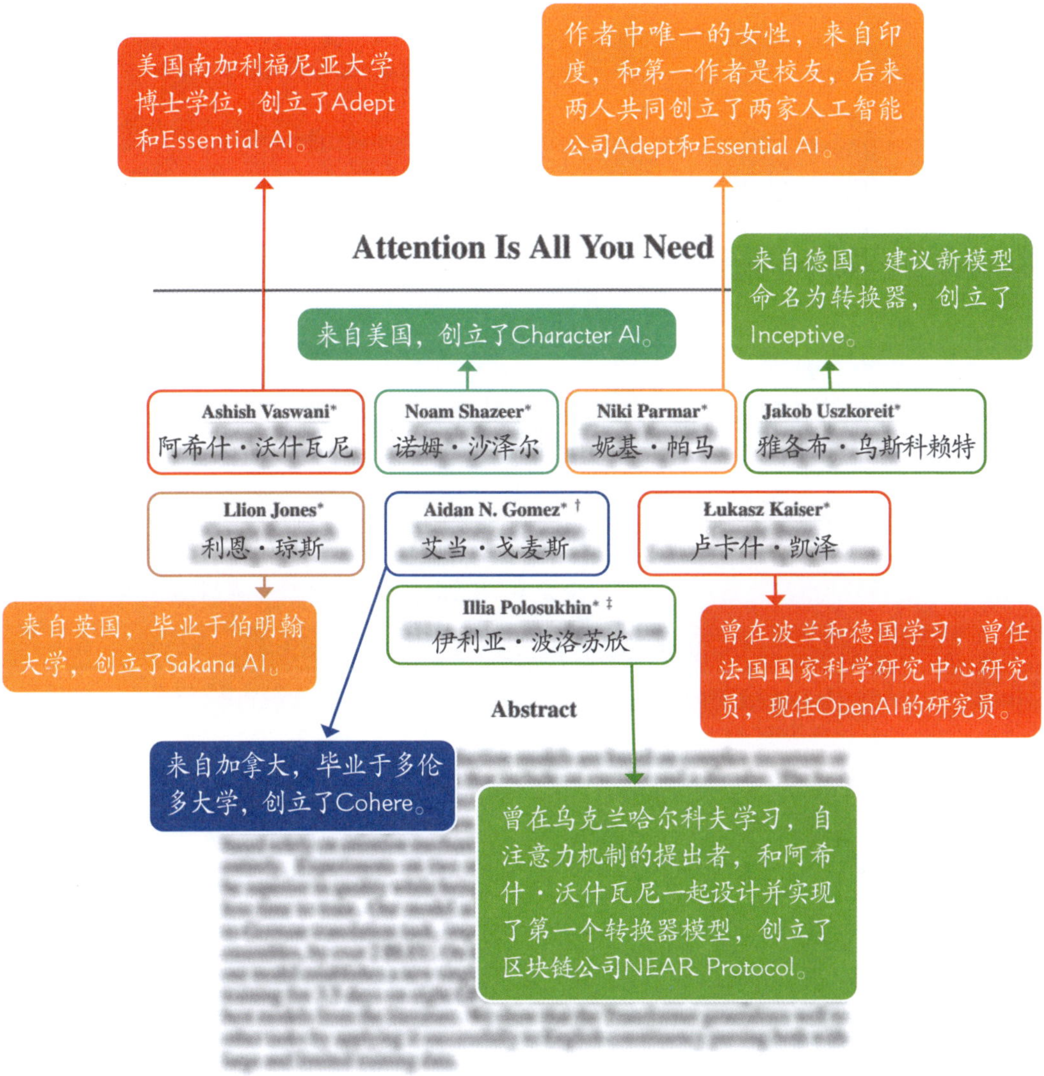
美国南加利福尼亚大学博士学位，创立了Adept和Essential AI。
作者中唯一的女性，来自印度，和第一作者是校友，后来两人共同创立了两家人工智能公司Adept和Essential AI。
Attention Is All You Need
来自德国，建议新模型命名为转换器，创立了Inceptive。
来自美国，创立了Character AI。
Ashish Vaswani*
阿希什·沃什瓦尼
Noam Shazeer*
诺姆·沙泽尔
Niki Parmar*
妮基·帕马
Jakob Uszkoreit*
雅各布·乌斯科赖特
Llion Jones*
利恩·琼斯
Aidan N. Gomez* †
艾当·戈麦斯
Łukasz Kaiser*
卢卡什·凯泽
来自英国，毕业于伯明翰大学，创立了Sakana AI。
Illia Polosukhin* ‡
伊利亚·波洛苏欣
曾在波兰和德国学习，曾任法国国家科学研究中心研究员，现任OpenAI的研究员。
Abstract
来自加拿大，毕业于多伦多大学，创立了Cohere。
曾在乌克兰哈尔科夫学习，自注意力机制的提出者，和阿希什·沃什瓦尼一起设计并实现了第一个转换器模型，创立了区块链公司NEAR Protocol。

NeurIPS，是一个知名的人工智能会议）上，但并没有获得现场发言的机会，也没能入选当年的优秀论文，几乎全部的与会者都没想到，它提出的转换器会引起一场浩荡的革命，生成式人工智能就此崛起。

但这却是事实：有了转换器这种新架构仅仅一年之后，第一个大语言模型——OpenAI 的 GPT 就正式问世了。两年后的 2019 年，OpenAI 发布了 GPT-2，2020 年又发布了 GPT-3，到 2025 年 4 月迭代到 GPT-4o，其聊天儿能力已经惊艳了全世界。

截止到 2024 年年中，这篇论文被引用的次数超过 12 万次。而当年在大会上获评优秀论文的 3 篇论文，它们的引用次数加起来也不到 1000 次，影响力差别之大可见一斑。

类似这样的事情在人类创新史上并不少见。它告诉我们，一个发明、一个思想、一篇论文的真正价值是以一种长期的方式体现出来的。一个事物刚刚问世的时候，即使它非常出色，人们也很可能完全意识不到它的价值。碰到这样的情况，不用着急，让子弹先飞一会儿，因为影响力的发酵就像酿酒一样，需要时间。随着时间的推移，它最终会带来改变。我们要真正的创新，不应该以获奖为目的，而应该专注于这项创新能带来什么价值和影响。学习和工作，其实也是这样。

那转换器究竟做了什么呢？

注意力才是你所需要的一切！

这篇石破天惊的论文，它的标题是“Attention Is All You Need”，甚至没有包含“Transformer”这个单词，听起来也和“转换器”风马牛不相及！这究竟是怎么回事呢？

我们在前文探讨过，词语接龙的预测是有依据的，那就是分布假说。人工智能科学家通过处理人类语言中的句子，对下一个字或词语出现的概率进行计算，建立了一个模型。这时候，你向模型输入任何一个令牌，它都能为你接龙输出下一个令牌。然后这个新的令牌又加上老的令牌，成为一个新的令牌，被重新输入系统，又产生一个新的令牌，如此循环，直到这个令牌被喊停。这就是大语言模型的框架。

你可能已经意识到了，在这个框架中，词语出现的次序特别重要。先出现的词语可以决定后出现的词语是什么，甚至对在它之后出现的所有的词语都会有影响，这就会导致一个问题：传统的深度学习模型是从左到右、一个词语一个词语地处理文本。当句子中词语的重要性是按照出现的位置次序来排列时，这种模型的处理效果是不错的，也就是接龙还算准确。但一旦输入的一些句子中词语的重要性并不是按照出现的位置次序来排列的时候，接龙一长，就几乎注定会跑题！

但恰恰在现实生活中，有很多这样的句子，因为文学修辞或强调的需要，两个关键词可能离得很远，甚至位于句子的两端，这时情况就会变得更复杂。比如倒装句，据说山东人就特别喜欢说倒装句，正常的语序表达可能是：你先走，我后走。而在山东人口中，这句话就成了：你走先，我走后。这样的表达现象在很多语言中都存在。

人工智能科学家发现，这会严重影响大语言模型对后继接龙令牌预测的准确率，大语言模型甚至会开始胡说八道。

我们来看下面这个简单的句子：

哈利·波特骑着扫帚在夜空中追逐逃窜的金色飞贼。

在这个例子中，“哈利·波特”是句子的主语，“骑着扫帚”是描述主语发生追逐动作时候的状态，是个状语，“追逐”是谓语，“在夜空中”也是一个状语，描述这一动作发生的背景，“金色飞贼”才是宾语，而“逃窜的”是定语，用来修饰宾语。

如果我们把这个句子当中最重要的3个词语拿出来，那应该是它的主语、谓语、宾语，即：哈利·波特、追逐、金色飞贼。

对你我来说，把这3个词语找出来，似乎是一件易如反掌的事情，我们很早就在学校的语文课上学会了寻找关键词，划分主谓宾，可能二年级的小朋友就能做到。如果要我们人类来接龙，生成更长的句子、更大的段落和完整的文章，那一定会围绕这3个词语去生成。也就是说，这3个词语和“扫帚”“夜空中”等其他词语相比，是更重要的。

但对大语言模型来说，我们讨论过，它是吐字不吐知识的。它根本不懂任何知识，也不懂一句话的意思，所有的词语对它来说都是数字，都是同等重要的。那它的接龙就未必是围绕“哈利·波特”“追逐”“金色飞贼”这 3 个词语生成的，而是很有可能把“扫帚”“夜空”当成了重点，这就跑题了。接龙接得越多，可能跑题跑得越严重。

“金刚八子”提出“自注意力机制”这个概念始于一次机器翻译的实践。他们发现，如果让机器通读整个句子，分析所有的词语，然后确定重点、次重点、非重点及附带出现的词语，而不是平等对待每个词语，逐词翻译，这样就可以

获得更通顺的翻译文本。前文介绍的阿希什·沃什瓦尼和雅各布·乌斯科赖特是两位机器翻译的专家，他们在走廊聊天儿时无意间听到伊利亚·波洛苏欣谈到“自注意力机制（Self-Attention）”的想法时，感到这个方法可能有用，三个人搭上话后一拍即合，立刻做了一些英文和德文的翻译尝试，结果证实这个做法确实提升了翻译文本的质量。然后他们才组建了更大的团队，把这个想法付诸大语言模型。

在大语言模型中引入自注意力机制，是转换器最大的创新。通过自注意力机制，大语言模型能够同时考虑句子中所有令牌之间的关系，包括远距离的依赖关系。大语言模型能够识别到“哈利·波特”不仅与“骑着扫帚”紧密相关，而且与“追逐”的关系更加紧密，尽管它们在句子中相隔较远。此外，模型还能理解“在夜空中”是“追逐”这一动作的背景信息，即使这个背景信息出现在句子的中间，比“追逐”更靠前。

转换器具体是怎么做的呢？为了准确地判断一个令牌与其他令牌在特定序列中的关系，它给每个令牌和其他所有令牌的关系都打分，即给出一个分数，说明在这个序列中，此令牌和其他每个令牌之间的重要程度，它把这个打出的分数叫注意力（Attention）。简单地理解，注意力就是一个令牌与其他令牌之间的关联度，通过向量来表示。

比如说“哈利·波特 骑着 扫帚 在 夜空 中 追逐 逃窜 的 金色飞贼 。”这句话，为了便于叙述，我已经将这句话分解成了 11 个令牌，每个令牌用下划线标记，转换器会使用自注意力机制，对这句话中每个令牌的分数进行测算。例如“哈利·波特”和“追逐”的注意力关联度最高，是 0.8（即 80%），和“金色飞贼”的注意力关联度第二高，是 0.7，和“骑着”的注意力关联度是 0.5，和“扫帚”的是 0.4，和“在”“的”的关联度是 0，等等。

于是，最终“哈利·波特”和其他 10 个令牌的注意力向量列表是：{0.5，0.4，0，0，0，0.8，0.2，0，0.7，0}。

算完了“哈利·波特”这个令牌，转换器接着会计算“骑着”这个令牌，然后是“扫帚”这个令牌，在决定由哪一个令牌来接龙之前，转换器会把这个句子中所有令牌的注意力向量列表全部计算出来，然后再决定由哪个令牌来接龙。当生成了新的接龙令牌，要确定下一个接龙令牌时，又要对前面所有令牌进行重新计算。通过不断地计算，帮助模型理解文本的意思、文本中各个令牌之间的依赖关系，即以句子为单位，选择性地关注与理解信息，试图生成的是一个完全连贯的接龙，而不是一视同仁地对待每个令牌，也不是直截了当地猜下一个令牌。

其实，注意力机制还是从人类大脑处理信息的方式中受到的启发。人脑其实就是这样运行的，它在理解句子时会很自然地忽略一些信息，而更专注于关键信息。最明显的是我们的眼睛。认知科学家很早就发现，由于信息处理的瓶颈，在看一张同时呈现许多信息的图片时，人类的大脑会选择性地关注其中的部分信息，而忽略另一些信息，即使它们同样摆在你的眼前，同样可见。后面这则广告就形象地展示了人类在看到一幅图时是如何分配有限的注意力的。其中红色的方框表明视觉系统会更关注的区域，很明显，在下页图示的场景中，你会把更多的注意力分配到婴儿的脸部、文本的标题，以及段落的首句这三个位置。

写到这里，我要告诉你一个关于吸引注意力的小窍门。无论任何图片，人的大脑永远会对人的面部表情的区域分配更多的注意力。而在所有的表情中，人们最喜欢看到的是笑脸，这就是为什么我们出现在演讲台上的时候，最好要保持微笑。我们准备演讲 PPT 时，无论你的主题是什么，涉及什么专业，你都应该在封面或结尾的地方放上至少一张微笑的人脸图片。这样做，你会给观众留下更好、更深刻的印象，也就可以获得更多的注意力。

转换器的自注意力机制和人脑的选择性关注很相似。它一上来就像人观察图片一样，一次性阅读句子中的每个令牌，把每个令牌与其他所有令牌进行比较，通过打分确定最重要的令牌。接下来，它就把“注意力”集中到最重要的令牌上，无论这个令牌在句子的哪个位置。

就像魔法一样，自注意力机制使得大语言模型能够有的放矢，让大语言模型释放出以前无法施展的能力。

并行计算：不用再等了

转换器还给预训练的过程带来了另外一个重要的创新：它能够利用并行计算加速深度学习模型的训练过程。

在没有转换器之前，对注意力关联度的计算就是科学家的一个噩梦！

我们以“哈利·波特骑着扫帚在夜空中追逐逃窜的金色飞贼。”这句话为例，这句话中包含 11 个令牌，要生成新的令牌，深度学习模型必须先给 11 个令牌中的每一个令牌计算各自的注意力关联度；当生成一个新的令牌之后，又要给 12 个令牌重新计算各自的注意力关联度；当又生成一个新的令牌时，那就有 13 个令牌了，又要为这 13 个令牌重新计算一下各自的注意力关联度。

现在假设每次注意力关联度的计算耗时 1 毫秒，那生成一个新令牌就要 12 毫秒，接下来要再生成一个新的令牌，则要 13 毫秒，然后再生成下一个新令牌则要 14 毫秒……令牌增多，计算的时间也增多，这个过程当然会十分漫长。早期人工智能科学家在训练模型的时候可能要等几小时，甚至几个星期，才能看到训练的结果。

想想吧，那生成一篇好的文章要多久？你能等吗？

传统的深度学习模型是按顺序计算的模型，一次只能处理一个令牌，就好像走独木桥，只有狭窄的、串联的单一流水线，一次只能通过一件产品。

但转换器带来了并行计算，就是 11 个令牌可以同时计算，一个令牌需要 1 毫秒，11 个令牌全部加起来也只是需要 1 毫秒。相比于独木桥，这就是由无数座独木桥拼成的阳关大道了。可以想象，走在这样的大道上，效率会提升多少。

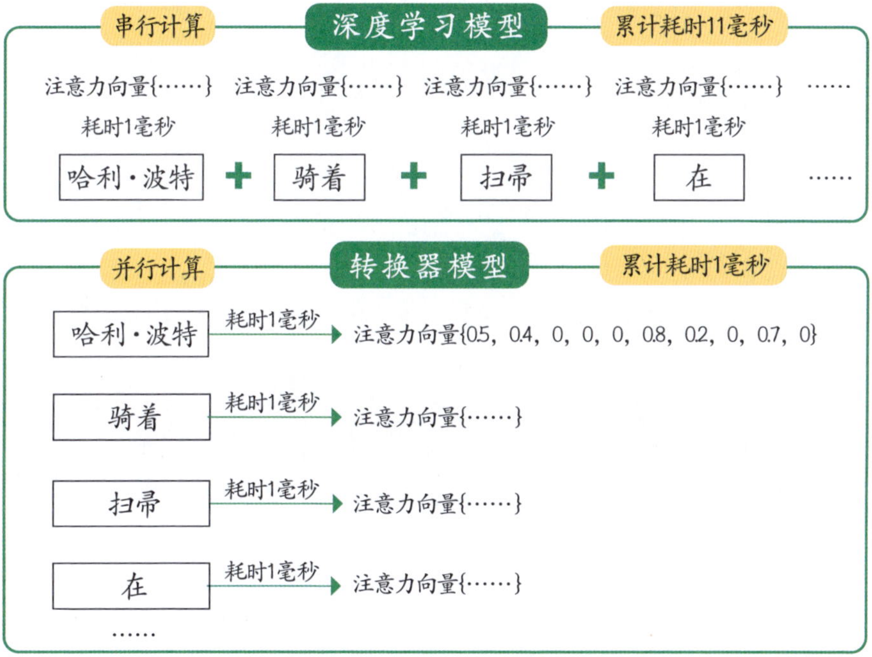

串行计算和并行计算的区别

我在《给孩子讲大数据》那本书中详细地介绍过分布式计算。并行计算和分布式计算的道理类似，只是并行计算发生在一台计算机之内，而分布式计算是涉及多台计算机组成的网络。为了理解并行计算，现在我们再举一个例子。

想象一下，新学期开始了，你们学校开新生交流会，你想利用这个机会多认识一些同学，特别想找到和自己兴趣相投的朋友。在拥挤的活动现场，你的办法只能是走上前去，逐一和每个同学交谈，通过交谈来了解他们是不是你想找的朋友。传统的深度学习模型，就是按照这种方式来处理数据的。但转换器模型就像一个社交达人，它通过“自注意力机制”能够快速识别出在这个环境中哪些同学和它可能会产生密切的联系，他们又和谁有密切的联系，它不需要排队和每个同学交谈，而是能够同时关注、了解多个同学，快速捕捉到谁讨论的主题是它喜欢的，从而高效地参与到对话中。

转换器拥有的这种能力，意味着训练模型的时间可以大大缩短。在刚刚发明这个新模型之后，“金刚八子”就开始讨论给它取一个怎样的名字。他们提出过很多备选方案，例如“Cargornet”（货运网络），就是好多路线同时运货的意思，但大家都不满意。他们认为，新模型已经彻底地改变了大语言模型处理数据的方式，它就好像一台内燃机，而原来的深度学习模型只能算蒸汽机，这种变化是革命性的，“货运网络”这个名字没有表达出这种变化。最后雅各布·乌斯科赖特提出了“Transformer”，这个单词表面的意思是“转换、变形”，但暗含有“颠覆”的意思，立即获得了大家的赞同。

并行计算对大语言模型发展的影响是立竿见影的！简单地说，因为算得更快了，科学家现在可以在越来越大的数据集上训练出参数越来越多的模型。2019 年发布的 GPT-2 只有 40GB 的训练数据和 15 亿个参数；2020 年发布的 GPT-3 则是在 570GB 的文本数据上训练的具有 1750 亿个参数的模型；而 2023 年发布的 GPT-4 一共有 8 个模型，这 8 个模型共有 17600 亿个参数。这么多参数究竟意味着什么呢？你可以想象有一台大机器，机器上有 17600 亿个各式各样的旋钮和开关，可以控制、调节机器的各种运行状态和产出。大语言模型就好像一台虚拟的大机器，正因为它有这么多的旋钮和开关，规模非常庞大，所以它可以根据你说的每一句话，给出一个合适的回答，也可以说参数越多，计算量就越大。没有转换器模型带来的并行计算，获取这样海量的训练数据和庞杂的参数就是异想天开呀！

当然，并行计算之所以在技术上成为可能，还有一个重要的原因，那就是计算机硬件领域的创新。从 2010 年开始，功能强大的图形处理器（Graphics Processing Unit，GPU）开始用于深度学习，这大大缩短了模型学习和训练的时间。注意，GPU 不是 CPU（Central Processing Unit，中央处理器），

它和 CPU 只差一个字母，C 代表中央，而 G 代表图形。CPU 是为通用计算任务而设计的，而 GPU 最初是为了图形渲染而开发的一种专用处理器。它拥有大量的并行核心，可以同时处理多项任务，尤其擅长处理大语言模型经常要用到的向量、矩阵和多线程计算。今天所有的人工智能公司，都要专门配备这种用于运行深度学习模型的加速硬件，这种硬件做得最好的公司，就是前文提到过的英伟达。2023 年，OpenAI 为了训练 ChatGPT，用了 30000 多块英伟达生产的图形处理器，每块成本为 10000~15000 美元。前文说过，训练大语言模型非常昂贵，现在你明白了，钱大都花在买英伟达的芯片上了。

2016 年，OpenAI 刚成立半年，英伟达生产出了当时全世界最快的图形处理器 DGX-1，并把生产下线的第一块 DGX-1 赠送给了 OpenAI。当时代表 OpenAI 接收这一礼物的是马斯克。DGX-1 上写有一句话：“送给马斯克和 OpenAI 团队！致敬计算和人类的未来！我为你们送上世界上第一块 DGX-1！”

可以说，图形处理器的进步和普及也是大语言模型能够出现的一个前提条件。而伴随着大语言模型的崛起和普及，市场对图形处理器的需求也越来越大，英伟达公司的门口甚至出现了排队抢购的现象，人们感叹一“芯”难求。2024 年，英伟达一度达成为全球市值最高的上市公司。

即使有了并行计算，有了性能卓越的芯片，新的挑战还在出现。你可能没有想到，算力和能源也有关系。一位芯片设计领域的专家在一次公开演讲中指出，从数学意义上计算，如果全球计算机保持现在的计算能力，可能需要 14 个不同的行星和 3 个星系，以及 4 个太阳来提供能源。所以，今天我们要发展人工智能，就不能只关注计算机的算力，还需要更全面地统筹考虑人工智能的能源消耗问题。

而这又是人工智能即将面临的新挑战……

讲到这里，我们的旅程就要告一段落了。我们从如何使用 ChatGPT 和 DeepSeek 这两个大语言模型开始，介绍了如何用大模型生成新的文本和图片，但我们要记住，大模型不仅能生成文本和图片，还能生成表格、代码、音乐、视频等好东西，所以人们称它为多模态人工智能。然后，就像拆解机器一样，我们分解了 GPT 这个名字，对每一个字母和单词都进行解读，介绍了它们背后代表的技术、原理和故事。

“G”代表生成性（Generative），ChatGPT 是生成式人工智能。我们只要给它几个词语，就能衍生成一句话，由一句话又衍生成一段文本，由一段文本衍生成一大篇文章。就像拥有一颗种子，它能为我们自动生成枝干、叶子、花朵和果实，这是人类历史上从来没有过的创新。“P”代表预训练（Pre-trained），预训练是一个非常复杂的过程，它的设计消耗了科学家大量的脑力，它的执行消耗了大量的金钱和时间。幸运的是，人类发明了“T”代表的转换器（Transformer），它颠覆了传统机器学习处理数据的方式，引进了自注意力机制，执行并行计算。这不仅提高了生成新内容的准确度，还缩短了生成新内容所需要的时间。转换器是今天所有大语言模型的基础，它好比宇宙大爆炸的奇点，因为有它，大语言模型的宇宙才在我们面前正式展开。

大语言模型能做很多的事，聊天儿仅仅是其中一个应用，但这个应用无比重要。有很多专家认为 ChatGPT 和 DeepSeek 这两个聊天儿机器人的出现是人类技术发展的一大拐点，它开启了迈向强人工智能、通用人工智能之路——这是人类即将要看到的星辰大海。我们在学习、使用这些新工具的同时，也要记住，聊天儿是这个世界上最重要的事情之一，我们自己要做一个懂聊天儿、会聊天儿、愿意聊天儿的人。

看，人工智能时代的雄伟画卷正徐徐展开，新的概念、思想和工具将层出不穷。我希望你是这个新时代的建设者，而不是旁观者。让我们在这里说一声再见，再见！我相信，这是一个短暂的告别，只要你关心人工智能，只要人工智能在改变世界，我们就一定还会在新的知识、书籍和视频当中相遇、再见。